地下水埋深与再生水灌溉

对土壤氮素运移
及作物生长影响研究

齐学斌　李　平　黄仲冬　著

中国农业科学技术出版社

图书在版编目（CIP）数据

地下水埋深与再生水灌溉对土壤氮素运移及作物生长影响研究 / 齐学斌，李平，黄仲冬著. --北京：中国农业科学技术出版社，2022.9
ISBN 978-7-5116-5912-5

Ⅰ.①地… Ⅱ.①齐… ②李… ③黄… Ⅲ.①再生水－灌溉－影响－土壤氮素－迁移－研究 ②再生水－灌溉－影响－作物－生长－研究 Ⅳ.①S153.6 ②S31

中国版本图书馆CIP数据核字（2022）第 170002 号

责任编辑	李　华
责任校对	马广洋
责任印制	姜义伟　王思文

出 版 者	中国农业科学技术出版社
	北京市中关村南大街 12 号　　邮编：100081
电　　话	（010）82109708（编辑室）　　（010）82109702（发行部）
	（010）82109709（读者服务部）
网　　址	https: // castp.caas.cn
经 销 者	各地新华书店
印 刷 者	北京建宏印刷有限公司
开　　本	170 mm × 240 mm　1/16
印　　张	12
字　　数	209 千字
版　　次	2022 年 9 月第 1 版　　2022 年 9 月第 1 次印刷
定　　价	78.00 元

内容简介

　　本书以水资源可持续利用、农业绿色发展及生态环境保护为主要目标，采取微观研究与宏观分析相结合、机理研究与空间分析相结合，以及试验与模拟相结合的技术路线，详细介绍了作者在华北集约化农区农业水资源化利用方面的实践与探索。全书分8章，第1章介绍了我国水资源形势与再生水资源化利用现状；第2章介绍了再生水灌溉氮素运移及对作物影响试验设计；第3章介绍了再生水灌溉氮素运移及对冬小麦品质影响试验；第4章介绍了不同地下水埋深冬小麦再生水灌溉氮素运移田间试验；第5章介绍了不同地下水埋深夏玉米再生水灌溉氮素运移田间试验；第6章介绍了不同地下水埋深再生水灌溉对作物生理指标影响研究；第7章介绍了基于BP神经网络的土壤氮素运移模拟研究；第8章介绍了再生水灌溉环境影响评价与健康风险评估研究。

　　本书可供从事生态农业、农业水利、环境保护及环境修复等领域的广大科技工作者、工程技术人员和管理人员参阅，也可供相关高等院校相关专业师生阅读参考。

前　言

　　我国是水资源严重短缺的国家之一，正常年份缺水量达500亿m³，其中农业缺水量达300亿m³，缺水已成为制约农业可持续发展及粮食安全的"卡脖子"问题，迫切需要行之有效的解决方案。当前，解决我国农业水资源短缺问题的主要举措有以下两个方面，一是大力发展节水农业，提高灌溉水的利用效率；二是广辟水源，加大对非常规水资源的循环利用。作为潜在的替代性水源，再生水具有量大、面广及排放稳定等特点，用于农业灌溉将可极大缓解我国水资源配置的结构性矛盾。据预测，2030年我国再生水将达到850亿~1 060亿m³，开发利用潜力巨大。再生水农业资源化利用相关研究已成为21世纪全球农业领域研究的热点之一。目前，我国在再生水农业资源化利用方面的研究工作在逐步深化，研究广度在进一步拓展，也取得了一些阶段性成果，但离大规模应用还有一定距离，这与再生水水源来源复杂、水质稳定性不高以及社会认知度不高等因素密切相关。鉴于此，从环境影响与健康风险角度，结合数值模拟的手段，进一步深化再生水灌溉及其环境效应相关研究工作尤为迫切且十分必要。

　　近年来，在科技部、农业农村部、水利部、国家自然科学基金委员会、欧盟委员会、中国农业科学院等部门和组织的资助下，作者主持或参与完成了国家重点研发计划（2021YFD1700900）、中国农业科学院科技创新工程重大任务（CAAS-ZDRW202201）、国家自然科学基金项目（51679241、51209209、51779260）、中国农业科学院科技创新工程项目（CAAS-ASTIP）、科技部科研院所社会公益研究专项（2004DIB4J160）、科技部国际科技合作项目（2006DFA72190）、欧盟第六框架项目（PL 023168 SAFIR）、国家人事部留学人员科技活动资助项目、国家"十一五"科技支撑计划课题（2006BAD17B02）、国家"十一五"高技术研究发展计划课题（2006AA100205）、国家"十二五"高技术研究发展计划课题

（2012AA101404）、河南省水利科技攻关项目及水利部水资源管理、节约与保护业务项目等科研任务，本书是上述项目研究成果的系统总结和凝练。

本书由齐学斌、李平、黄仲东统稿，李平与齐学斌审定。主要著者分工如下：第1章由齐学斌、李平、黄仲冬、郭魏撰写；第2章由齐学斌、钱炬炬、李平、黄仲冬、亢连强撰写；第3章由齐学斌、钱炬炬、朱东海、代智光、李思文撰写；第4章由李平、李桐、何长海、张芳、王贻森撰写；第5章由李平、杜臻杰、梁志杰、裴青宝、李呈辉撰写；第6章由亢连强、杜臻杰、李玲、卢凤民、刘铎撰写；第7章由乔冬梅、王亚丹、赵志娟、高芸、李开阳撰写；第8章由黄仲冬、朱东海、胡艳玲、张彦、马倩钰撰写。

本书是作者多年来科学研究工作的总结，汇聚着多位研究生的智慧和心血，在此谨表谢意。另外，本书还参考了其他专家的研究成果，均已在参考文献中列出，在此一并致谢。尽管尽了最大努力，由于作者水平有限，书中仍可能存在疏漏之处，敬请读者不吝赐教，批评指正。

著　者

2022年5月

目　录

1 绪论

1.1 研究意义

1.1.1 中国水资源面临的严峻形势

中国是世界上水资源严重短缺的国家之一，人均占有水资源量为 2 250m³，约为世界人均占有量的1/4，每公顷耕地平均占有水资源量21 600m³，仅为世界平均值的2/3，被联合国划定为世界上13个贫水国之一。预计到21世纪30年代，中国人口达到16亿高峰时，在降水总量不减少的情况下，人均水资源量将下降到1 760m³，逼近国际公认的1 700m³的严重缺水警戒线。农业是中国的用水大户，用水总量约4 000亿m³，占全国总用水量的70%，其中农田灌溉用水量3 600亿～3 800亿m³，占农业用水量的90%～95%，根据权威部门的预测结果，在不增加现有农田灌溉用水量的情况下，2030年全国缺水高达1 300亿～2 600亿m³，其中农业缺水500亿～700亿m³。

地下水是中国北方地区及许多城市的重要供水水源，也是维系区域生态环境的重要因素，但是近年来，由于人类活动的日益增强，地下水尤其是浅层地下水受到污染的严重威胁，中国地下水污染进一步加剧，污染范围和污染程度日趋扩大，一些地区群众因饮用污染了的地下水，出现了癌症村，给人民群众身体健康造成了严重危害。再生水灌溉是造成浅层地下水污染的重要原因之一。因此，开展不同地下水埋深再生水灌溉氮素运移及对作物影响试验研究，想方设法涵养地下水、保护地下水水质，成为当务之急。

1.1.2 中国再生水灌溉发展情况

中国的再生水灌溉始于20世纪50年代末期，大体经历了起步、稳定、快速发展和安全利用4个阶段。第一个阶段是从20世纪50年代末至60

年代初，由于当时废再生水排放量不大，污灌面积发展缓慢，1961年颁布了第一个《再生水灌溉农田卫生管理试行办法》。第二个阶段是从20世纪60年代后期至70年代中期，随着废再生水排放量的增加，污灌面积逐渐增加。第三个阶段是从20世纪70年代后期至20世纪末期，随着国民经济的快速增长，废再生水排放量迅猛增加，污灌面积快速增长，1978年12月国家正式批准《农田灌溉水质试行标准》，1985年进行了修订，1991年又增补了有机污染物控制标准，1992年国家技术监督局和国家环保局将其上升到国家强制性标准（GB 5084—92）在全国实施，分别于2005年（GB 5084—2005）、2021年（GB 5084—2021）进行了第三次、第四次修订，并已于2021年7月1日正式实施。第四个阶段是从21世纪初期以来，随着水资源短缺的加剧，推动了再生水资源的再生利用，再生水灌溉利用与相关研究进入深化阶段，北京市建成了全国最大的再生水灌区。1980年全国再生水灌溉面积为133.3万hm^2，1991年发展到306.7万hm^2。由于大部分废再生水未经处理直接用于灌溉，不仅造成了部分农田严重污染，而且对农村水环境构成了威胁。2004年，全国的再生水灌溉面积已达361.84万hm^2，占灌溉总面积的7.33%，全国再生水排放量已达693亿m^3，相当于黄河年径流量的1.5倍，预计2030年将增加到850亿~1 060亿m^3，再生水灌溉面积还会进一步加大。从污灌面积区域分布来看，其中90%以上集中在北方水资源严重短缺的黄、淮、海及辽河流域，且主要集中在北方大、中城市的近郊区，同时，随着城市化进程的加快，城市再生水排入河、渠，致使多数灌区水源污染，间接的再生水灌溉也无处不在。

1.1.3 再生水的自然属性与农业利用的可行性

再生水作为一种排放稳定的非常规水源，如能得到科学利用，可极大缓解农业用水紧缺的状况。最新修订的《中华人民共和国水法》第五十二条也指出，要加强城市污水集中处理，鼓励使用再生水，提高污水再生利用率。"再生水（Reclaimed water）"是指污水（废水）经过适当的处理，达到要求的（规定的）水质标准，在一定范围内能够再次被有益利用的水。这里所说的污水（Wastewater，也称废水）是指在生产与生活活动中排放的水的总称，它包括生活污水、工业废水、农业污水、被污染的雨水等。同原生污水和简单处理的污水相比，再生水水质得到大幅提高，处理工艺（混凝沉淀过滤、超滤碳滤池、MBR工艺、MBR反渗透、二级反渗透和臭氧氧化等）决定了污水中的氮磷营养盐、溶解性有机物和重金属类的污染物处理水平，目前氮磷营养盐和部分新型有机污染物还无法有效地去除。

从世界范围内看再生水资源化利用情况。美国加利福尼亚州从20世纪80年代开始使用再生水，到2009年再生水年使用量已达8.94亿m³，47%的再生水回用于农业和城市绿地灌溉；以色列全部的生活污水和72%的城市污水得到了循环利用，处理后的再生水46%用于农业灌溉；澳大利亚的Werribee农场从1897年开始利用再生水进行农业灌溉；中国再生水回用于农业的比例和用量逐年增加，2010年北京全市再生水利用量达到6.8亿m³，其中回用于农业的再生水达到3亿m³，到2020年，北京市再生水利用量预计将达到15.5亿m³，全国范围内再生水开发利用潜力超过500亿m³。据水利部、住房和城乡建设部统计，自1997年以来，我国污水排放量稳定在580亿m³以上，近5年我国废污水排放量稳定在770亿m³左右；2014年以来，我国生活污水排放量稳定在500亿m³以上，城市污水处理率达到90%以上，其中污水处理厂集中处理率85.94%，按照城市污水处理率80%折算，生活污水处理量超过400亿m³（图1-1）。此外，我国城镇污水处理明确了将一级A标准作为污水回用的基本条件，城镇污水处理开始从"达标排放"向"再生利用"转变，但处理后的城市污水仍含有丰富的矿物质和有机质，因其具有排放稳定、节肥、节约淡水资源和保护水环境等优势，被联合国环境规划署认定为环境友好技术之一，得到广泛推广应用。2012年的《关于实行最严格水资源管理制度的意见》《国家农业节水纲要（2012—2020年）》和2015年《水污染防治行动计划》都明确提出逐步提高城市污水处理回用比例，促进再生水利用，黄淮海地区大力提倡合理利用微咸水、再生水等，这也为再生水农业利用提供了政策保障。

再生水灌溉具有双重性。利用再生水灌溉的好处，一是为农业用水提供补充水源。城市排放的再生水包括生活再生水和工业再生水，每天的排放量是比较稳定的，把这些再生水处理后用于农田灌溉，可节约大量淡水资源，缓解水资源短缺现状。二是再生水中某些具有肥力的污染物（如氮和磷等）得到有效利用，减少了化肥使用量，提高了农业的经济效益。有资料表明，

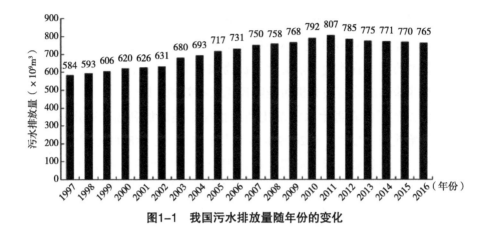

图1-1　我国污水排放量随年份的变化

全国每年排放的再生水（按400亿m³计）中含有的营养物相当于22.5亿kg硫铵和8.5亿kg过磷酸钙，可见再生水中营养成分可利用潜力巨大。三是起到净化水质以及改善土壤结构的作用。再生水中的有机质具有一定的黏着性和吸附性，如果使用得当，可使黑土层加厚，砂土变紧，黏土变松，达到改良土壤、节省劳力的功效。四是具有明显的增产效果。据统计，利用再生水灌溉旱田一般情况下可增产50%~150%，水稻可增产30%~50%，水生蔬菜可增产50%~300%。但由于中国再生水灌溉缺乏相关标准，不少地区直接引用原生再生水进行灌溉，对环境造成了极大的破坏。近年来中国再生水灌溉虽然发展较快，但由于受经济、社会及技术原因的限制，经初步处理的再生水中有害的污染物质并未完全去除，特别是再生水中较高的全盐含量，多种毒性痕量物质（重金属、有机污染物等）以及病原体，可能会成为土壤和地下水的污染源，灌溉后这些有害物质会随水在重力作用下沿土壤和地层的孔隙进入含水层，使地下水中的相关离子含量升高，导致地下水水质恶化。利用氮、磷元素含量过高的再生水不加控制的灌溉，不仅使地下水中的硝酸盐含量升高，同时也导致地下水中其他离子含量的相应增加，而亚硝酸盐是致癌物亚硝酸胺的前体，长期饮用将危害人类健康，因此，在进行再生水灌溉时应考虑地下水埋深和土壤质地因素。综上可见，再生水灌溉在缓解农业用水供需矛盾的同时，也会引发对土壤、作物和地下水环境的污染等诸多问题，甚至有可能影响到农业的可持续发展，特别是严重威胁到农产品的安全，以及当地居民的身体健康，必须引起高度重视。

1.1.4 再生水灌溉的生态环境风险问题

再生水是城市污水经适当再生工艺处理后，达到一定水质要求，满足某种使用功能要求，可以进行有益使用的水。从《城市污水再生利用 农田灌溉用水水质》（GB 20922—2007）、《再生水水质标准》（SL 368—2006）中农业用水控制项目和指标限值可以看出，再生水中除了含有矿质养分、有机质，还可能含有一定量的痕量元素和盐基离子。因此，农业再生水利用是解决当前水资源紧缺的重要抓手。国内外针对再生水灌溉开展了大量研究，如再生水灌溉提质增效、节肥机制、土壤微环境的调控和土壤生态风险评估等，再生水回用农业或绿地还存在一定不确定性和潜在风险，与常规灌溉水相比，再生水中痕量污染物、盐基离子和可溶性有机物等输入，可能改变土壤理化性状和微生物结构，影响土壤系统物质和能量迁移转化，进而导致土壤安全及其生境健康风险。

基于我国水资源严重短缺和水污染问题突出等背景，农业水资源供需矛盾进一步凸显，特别是地下水污染较地表水污染更具有隐蔽性、难逆转性和难修复性，即地下水受某些组分严重污染，往往是无色、无味的，即使人类饮用了有害或有毒组分污染的地下水，对人体的危害也常常是慢性的、长期的，不易立即觉察，而且地下水运动十分缓慢，水量又比较大，循环更新起来需要很长的时间，一旦含水层受污染，便很难治理及恢复，对生态环境的影响是长期的和持久的。

1.2 国内外研究现状

人类对再生水的利用由来已久，早在公元前的雅典就开始了再生水灌溉，16世纪的德国也开始使用废水灌溉农田。大面积的利用再生水进行灌溉在世界各地已有近百年的历史。美国、澳大利亚、日本和以色列等国家再生水灌溉技术比较成熟，尤其是以色列，因水资源的严重短缺，该国91%的工业和生活再生水由下水道收集，57%的再生水经过净化处理后仍用于农业灌溉和园林草地灌溉，目前以色列每年大约用3亿m³处理过的净化水用于农业灌溉。为了改进农村生活环境和水源水质，日本从1997年开始实行农村再生水处理计划，到目前为止，已建成约0.2万个再生水处理厂，而且多数采用日本农村再生水处理协会研制的JARUS小型再生水处理系统，处理过的废再生水各项指标都达到再生水处理水质标准，处理后的再生水水质稳定，多数是引入农田进行灌溉水稻或果园。捷克共和国小城镇中的居民区比较多，从这些地区排出来的废再生水经过物理净化或生化处理后即用于农田灌溉。德国的布伦瑞克和美国加利福尼亚州的圣罗莎还成功地利用喷灌系统进行再生水灌溉，这些不同的再生水利用方式都取得了很好的经济效益和社会效益。美国国家环境保护局1992年提出了再生水回用建议指导书，包括再生水回用的处理工艺、水质要求、监测项目、监测频率、安全距离等各个方面，对类似地区的再生水灌溉提供了重要的指导信息。美国各州制定的再生水灌溉水质标准各不相同，但规定具体，要求严格，以确保作业人员或其他接触回用水人员的安全，保证再生水灌溉的可持续利用。亚利桑那州再生水回用标准允许用未经消毒的二级出水灌溉富含纤维的作物、畜牧饲料作物和不接触水的果园作物。犹他州允许二级出水用于饲料作物的灌溉，仅限于灌溉有足够高度的食用作物（谷物、玉米等）。1997年美国加利福尼亚大学的Tanji详细研究了处理后的城市废水、食品加工废水、净化后的生物氧化塘水和咸水回用农业的灌溉水质要求，主要指标包括电导率、Na^+、Cl^-、B、HCO_3^-、TN、TP、TSS、BOD、病原体（如沙门菌、大肠杆菌、肠病毒等）、痕量有机物（特别是美国国家环境保护局规定的优选有机污染物）等。以色列对于不同的灌溉项目制定了具体的灌溉水回用标准，规定果园和葡萄园可以使用二级出水灌溉，生食作物除剥皮水果外，不得灌溉。1951年，联邦德国规定果园和葡萄园不可采用不洁水喷灌，可食作物要在收获前4周灌溉，对生食作物一般不采用再生水灌溉。世界卫生组织（WHO）1989年出版了《再生水回用于农田灌溉和水产养殖的健康指南》，要求再生水回用于农田灌溉之前必须经过严格的处理。联合国粮农组织（FAO）在研究世界各地开展再生水灌溉的基础上，先后出版了《再生水处理与灌溉回用》《再生水灌溉水质控制》两部技术报告，对回用于农业灌溉的水质要求和可以选用的再生水处理方法进行了讨论，并根据各国的实际情况，提出了再生水灌溉的指导性意见。

中国的再生水灌溉试验研究始于1957年，当时的建工部联合农业部、卫生部把再生水灌溉列入国家科研计划，从此开始兴建再生水灌溉工程，再生水灌溉得到了初步发展。目前在许多方面取得了一定的成果和经验，但深度不够，离指导农业生产实践还有一定的差距。关于再生水灌溉国内外研究概况，这里着重从再生水灌溉对作物、土壤、地表水和地下水环境的影响、污染物运移机理、再生水安全灌溉技术等方面进行简述。

1.2.1 再生水灌溉对农作物生长影响的研究

再生水灌溉对农作物生长的影响主要包括两个方面：再生水灌溉对农作物产量的影响，以及再生水灌溉下有害元素在作物体内的累积及对作物品质的影响。国外发达国家对利用经处理的再生水灌溉蔬菜开展了不少研究，如AlNakshabandi等（1993）在约旦安曼附近应用经过稳定塘处理和经氯消毒的再生水进行茄子生长的田间试验，并以清水灌溉作对照，对茄子的营养物质含量、重金属含量及微生物学性质、产量等进行评价。Shahalam等（1998）在约旦进行了清水与再生水不同混合比例对番茄品质影响的大田试验研究。Pollice等（2004）在意大利应用三级处理的再生水浇灌茴香和番茄，并以井水为对照，研究不同水质对蔬菜果实的影响。以色列对地表滴灌和地下滴灌进行了对比试验，研究发现灌溉系统对病菌的存在范围影响很大，灌溉系统不同，病菌的存在范围也不同，地表滴灌后蛔虫卵存在于地表，地下滴灌后蛔虫卵存在于地表下40cm范围。Bame等（2014）研究发现，再生水灌溉处理玉米氮和磷吸收显著高于地下水灌溉处理，与水肥管理相比，不同的灌溉方式应用再生水对作物产量和品质造成影响较小。Kokkora等（2015）研究指出，在再生水灌溉玉米试验中，再生水灌溉处理玉米产量、谷粒水分、脂肪、蛋白质、淀粉、纤维和灰分含量与地下水灌溉施肥处理无明显差异。Bedbabis等（2015）调查研究了长期再生水灌溉对橄榄产量和品质的影响，结果表明再生水灌溉10年后，橄榄叶绿素、总酚类含量、诱导时间和生育酚值显著降低。Généreux等（2015）对比了喷灌和地表滴灌应用再生水对草莓生长的影响，研究指出滴灌有效减少了大肠杆菌（*E. coli*）污染草莓的风险，但两种灌溉方式之间无显著差异。

国内研究人员对再生水灌溉粮食作物、蔬菜及草坪进行了大量的试验。冯绍元等（2002、2003）研究了再生水灌溉对冬小麦生长和产量的影响，结果表明再生水灌溉对冬小麦茎叶的生长发育有一定的促进作用，并能使产量提高17.6%～31.1%，还得出水质对冬小麦的叶面积指数、株高的影响不大。黄冠华等（2002、2004）研究认为，灌水量、灌溉水质、施肥量对冬小麦株高的影响很小。张永清等（2005）利用水培方式研究了再生水直接灌溉和净化处理后灌溉对小麦根系及幼苗生长的影响，发现未处理再生水浇灌的小麦幼苗与对照组相比，植株矮小、根短、根数少，茎、叶、根的干重、鲜重均明显降低，污灌胁迫加速了小麦幼苗绿叶和根系的衰亡，并使根系活力明显下降。孟雷和左强（2003）进行了再生水灌溉对冬小麦根长密度和根系吸水速率分布的影响研究，结果表明，与淡水灌溉相比，若采用二级处理再生水对冬小麦实施灌溉，将使得近地表处的根长密度有所增加，而下部土层中的根长密度分布则变化不大；尽管灌溉水质不同、生育阶段各异，但冬小麦相对根长密度在相对深度上的分布却差异不大；再生水灌溉能显著降低冬小麦的平均根系吸水速率，影响作物对土壤水分的吸收利用。齐志明等（2003）在北京东郊进行再生水灌溉田间试验表明，再生水灌溉抑制了夏玉米的生长发育，使夏玉米株高和叶面积指数受到影响，产量和干物质量明显减少。黄冠华等（2002、2004）进行冬小麦再生水灌溉水分与氮素利用效率的研究，结果表明冬小麦的水分利用效率与灌溉水质和施肥无关，氮的利用效率与灌水量和施肥无关，仅与灌溉水质有关，且再生水灌溉氮的利用效率高于清水灌溉氮的利用效率。夏伟立等（2005）认为生活再生水对大白菜和菠菜的生长、品质以及养分吸收没有明显的负面影响。田家怡等（1993）研究了小清河济南段再生水灌溉对玉米早期生长发育及一些生理代谢指标等的影响，发现低浓度的再生水处理可以促进玉米种子萌发的速度，各浓度的再生水对玉米早期的生长发育基本都有促进作用，再生水灌溉降低了玉米叶片中叶绿素的含量。齐广平等（2005）用经过处理后的生活再生水与黄河水作对照进行茄子灌溉试验，结果表明，生活再生水灌溉可使茄子总根数增加12%，根长增加13%，株高、叶长、叶宽无明显变化，单株果数增加2个，果径增加1.5cm，单株产量增加0.9kg，增产60%。王友保等（2003）以绿豆和萝卜为对象，研究了再生水灌溉对作物生长与活性氧清除系统的影响，结果表明与非污灌组相比，污灌作物生长受阻，叶片色素含量降低，叶组织膜结构损伤，电导率增大，SOD、POD及CAT活性表现不同程度降低，而MDA含量显著上升。研究还发现，不同作物对再生水胁迫的反应并不一致，叶片色素含量对再生水胁迫的反应尤为明显。

再生水灌溉对作物生理生长和品质的影响广受关注。周媛等（2015）研究发现，再生水中含有丰富的氮、磷等营养元素和有机质，能够提高作物产量和品质；同时再生水中含有一些有害物质，如重金属、盐分和病原体等，会抑制作物生长，影响作物产量和品质。刘洪禄等（2010）对比了再生水和地下水灌溉条件下夏玉米与冬小麦的产量和品质，指出与地下水灌溉相比，再生水灌溉对夏玉米与冬小麦产量和主要品质指标（粗蛋白、可溶性总糖、粗灰分、粗淀粉和还原型维生素C）没有显著影响。吴文勇等（2010）对再生水灌溉水果蔬菜类产量与品质的研究结果表明，再生水灌溉处理产量与对照处理差异显著，其中番茄、黄瓜、茄子和豆角分别增产15.1%、23.6%、60.7%和7.4%，而粗蛋白、氨基酸含量、可溶性总糖、维生素C、硝酸盐等品质或营养指标差异不明显。章明奎等（2011）研究表明，再生水灌溉在一定程度上能够增加番茄维生素C和可溶性固体含量，并显著增加了大白菜的可溶性总糖。

对于再生水灌溉条件下重金属元素在水稻、小麦、玉米等粮食作物中的累积和在蔬菜水果作物中的富集规律等也展开了一定的研究。曹春等（2016）在甘肃白银市再生水灌区进行调查发现，再生水灌溉小麦平均产量略高于引黄灌区，但小麦籽粒中重金属含量也明显高于引黄灌区。周纪侃等（1997）测定了4种不同水质灌溉的14种蔬菜中N、Fe、Zn、Mn的含量，结果表明水质对蔬菜含N量有明显影响，Fe、Zn、Mn的含量则主要取决于蔬菜品种。黄俊友等（2005、2006）研究了再生水灌溉条件下，小麦、水稻、蚕豆和油菜4种作物果实吸收重金属的差异，发现使用再生水灌溉对4种作物吸收重金属的能力不产生显著影响，而不同作物种类间的吸收能力却表现出显著差异，水稻吸收重金属的能力较强，蚕豆吸收重金属的能力较弱，各作物吸收土壤中Cd、Cu、Zn较容易，对Pb、Cr的吸收能力相对较弱。冯绍元等（2002、2003）在不同水质（清、再生水）、不同灌水量（高、中、低）和不同施肥量（中、无）处理下，做了重金属在夏玉米和冬小麦作物体中残留特征的田间试验研究，结果表明，砷和铅在夏玉米体内的残留含量由大到小依次为：花>根>叶>茎>籽，Cd的分布则为花>叶>根>茎>籽，小麦植株体内重金属积累量由大到小依次为根>茎叶>穗。冯绍元等（2003）

还进行了重金属在夏玉米植株体内残留特征的田间试验，发现夏玉米植物生理特性对重金属As、Cd和Pb在植物体中不同部位残留含量的影响，要明显大于不同灌溉水质和不同灌水量的影响。杨红霞（2002）研究了大同市再生水灌溉对农作物的影响，发现玉米中以Pb的污染最严重且全部超标，6种蔬菜中也以Pb的超标率最大，其最大超标倍数达8.14，Hg、As、Cd也都有不同程度的超标。全晓艳等（1995）调查了再生水灌溉区土壤及蔬菜中有害物质的含量，结果表明，再生水中"三氮"及阴离子合成洗涤剂显著高于清洁水，蔬菜中亚硝酸盐含量高于对照区蔬菜。乔丽等（2005）经过样本分析得出二级处理水用于农业灌溉基本可以忽略重金属的影响，研究重点应集中在养分和盐分含量的增多所引起的生态效应。孙爱华等（2007）通过在日光温室进行的再生水灌溉田间试验，分析了不同水质对番茄生长、产量与品质的影响，探讨了Hg、As在作物表层土壤中的积聚和在番茄果实中的积累规律，结果表明，与清水灌溉相比，再生水灌溉对番茄的生长有一定的抑制作用，生长速度明显减慢，番茄的单株产量减少7.68%，番茄果实中的可溶性固形物、维生素C含量有大幅度增加，总酸度和可溶性总糖含量基本持平，蛋白质合成上再生水处理较差，再生水灌溉后土壤重金属Hg、As含量在不同土层集聚差异较大，同时土壤中Hg、As集聚间具有很好的相关性，说明土壤受外源污染影响较大，而且还发生复合污染。杨庆娥等（2007）测定邯郸市再生水灌区土壤和蔬菜中重金属含量发现，再生水灌溉增大了重金属在土壤和蔬菜中的积累，4种重金属含量在土壤中积累趋势为Pb>Zn>Cu>Cd，分布趋势为50～80cm>20～50cm>0～20cm；4种重金属含量在白菜中积累趋势为Zn>Pb>Cu>Cd，分布趋势为根大于叶，土壤中4种重金属含量均未超标，而白菜体内铅和锌含量超标。钟凌等（2007）在西北农林科技大学灌溉试验站进行了清、再生水灌溉田间试验，研究了不同再生水灌溉条件下重金属铅、铬在夏玉米体内残留的特征，结果表明，在清、再生水灌溉条件下，重金属铅、铬在玉米根、茎、籽粒中都出现累积现象，再生水中铅含量低时，铅在玉米根、茎、籽粒中的累积主要受土壤铅本底值的影响。张晶等（2007）通过传统培养方法和固氮基因（*nifH*）PCR-DGGE指纹图谱分析方法，从微生物功能群角度，研究了长期有机再生水灌溉对土壤表层和亚表层固氮细菌种群数量和多样性的影响，结果表明，土壤表层固氮细菌数量随土壤污染的增高而不同程度减少，亚表层自生固氮菌数量无明显变化，再生水灌溉对土壤固氮细菌种群的影响具有长期的生态效应，是导致土壤生态与结构功能改变的重要因素之一。

再生水对土壤水力特性的影响会在一定程度上影响作物生长和养分吸收。郭利君（2017）研究得出，再生水灌溉能促进氮素吸收，进而刺激玉米生长和提高产量，但增加施氮量降低了再生水氮对玉米生长的有效性，两者为二次曲线关系，再生水氮有效性仅为尿素的50%～69%；灌溉水质、施氮量与硝态氮淋失、氮素表观损失量呈正相关关系，再生水灌溉适当降低施氮量，能有效减少氮素损失，提高氮素利用率。李莹（2018）研究发现，再生水灌溉可有效增加大蒜的株高和叶面积指数，再生水灌溉大蒜可以增产，其增产幅度取决于灌溉再生水带入的总氮量；补充施基肥的再生水灌溉处理大蒜的各项生长发育指标和产量均最优，再生水灌溉有利于促进大蒜植株对氮素的吸收利用，提高大蒜氮肥利用率。徐桂红（2019）研究发现，再生水滴灌对辣椒的生长、产量均有促进作用，降低了辣椒维生素 C、辣椒素和可溶性蛋白质的含量，增加了硝酸盐和可溶性糖的含量；再生水滴灌对番茄的生长、产量均有促进作用，降低了番茄维生素含量，增加了总酸、可溶性固形物、番茄红素和可溶性糖的含量，再生水滴灌对番茄光合作用有促进作用。

1.2.2 再生水灌溉对土壤质量影响的研究

土壤是天然的净化器。土体通过对各种污染物吸收、阻留、土壤胶体的离子吸附、土壤溶液的溶解稀释、土壤中微生物的分解及利用，大部分有毒物质会分解、毒性降低或转化为无毒物质，最后为作物生长发育所利用，但是土壤的净化和缓冲能力是有一定限度的，长期引用未经任何处理的不符合灌溉标准的再生水灌溉农田，土壤中的有机污染物、重金属以及固体悬浮物含量超过了土壤吸持和作物吸收能力，必然造成土壤污染，使pH值、盐分等发生变化，出现土壤板结、肥力下降、土壤的结构和功能失调，使土壤生态平衡受到破坏，引起土壤环境的恶化，土壤生物群落结构衰退，多样性下降，产生环境生态问题。调查表明常年不合理的污灌引起严重的土壤有机污染、重金属污染和酸碱盐污染，据中国农业部进行的全国污灌区调查，在约140万hm²的再生水灌区中，遭受重金属污染的土地面积占再生水灌区面积的64.8%，其中轻度污染的占46.7%，中度污染的占9.7%，严重污染的占8.4%。

表土层污染物通常包括无机污染物（如重金属和盐类）、有机物污染物（包括生物可降解和生物难降解）、化肥污染、农药污染、寄生虫、病原菌及病毒污染。国外专家对上述各方面都做了大量的研究工作，尤其是重金属和有机农药方面受到专家们的重视，对它们在土壤中的吸附、迁移、转化、归宿和分布规律方面的研究取得了较大的进展。Shahalam等（1998）在约旦进行了田间试验，在种植作物前、作物生长期间和作物收获后对土壤参数进行了测定，来确定再生水灌溉对土壤理化性质的影响，其结论是在一个生长周期后，再生水灌溉对砂壤土理化性质没有显著的影响。Clark等（1999）利用温室试验研究了再生水灌溉对土壤化学性质的影响，研究发现，再生水灌溉后，土壤盐分增加，土壤pH值有所降低。Friedel等（2000）在墨西哥进行了试验，得出的结论是再生水长期灌溉能够增加土壤中微生物的数量和活性，同时增加了土壤的盐分含量和有机质含量。Reyes等（2000）在墨西哥进行试验，最后得出结论是再生水灌溉对土壤理化性质有积极的影响，并且盐分累积不明显。Neilsen等（1989）进行了再生水和清水灌溉的对比试验，再生水灌溉5年后，土壤剖面的EC值分别为0.70dS/m、0.48dS/m、0.44dS/m；清水灌溉的地块，0~10cm、10~20cm、20~40cm土壤剖面的EC分别为0.59dS/m、0.39dS/m、0.31dS/m。Stevens等（2003）在澳大利亚进行了再生水灌溉的田间调查，结果发现大多数地块经过再生水灌溉28年之后，表层30cm处的土壤EC值不会超过界限值，这些数据说明此地区的灌溉制度已经包含了淋洗需水量而使土壤盐分含量维持在大多数作物能够忍耐的水平，20%~50%的淋洗比对于澳大利亚这个地区是适用的，然而，在30cm以下的土壤EC值已经接近或超过了界限值，这将会对今后的深根系作物产生不良的影响。

在再生水灌溉对土壤环境的影响方面，中国主要开展以下几方面的研究。一是硝态氮、氨态氮和有机质在土壤中迁移、转化和分布规律；二是重金属在土壤中的分布规律和对土壤的毒害作用；三是再生水灌溉对土壤性质影响；四是再生水中的病毒和病菌在土壤中对人的致病研究。叶优良等（2004）进行了再生水灌溉条件下小麦/玉米带田硝态氮的淋失和累积，结果表明，灌水明显影响土壤NO_3^-累积量，随灌水次数增加，土壤NO_3^-累积量降低，而且在高灌水条件下土壤NO_3^-累积量变化比低灌水量时大。张超品等（2004）通过再生水灌溉试验，研究表明，再生水一次性饱和灌溉虽可突发性提高土壤肥力，但土壤中的氨挥发、硝化、反硝化作用的强烈进行，易造成氮素的损失，土壤中积存的NO_2^-、NO_3^-易随水淋溶作用向下迁移，引起地下水的污染；污灌对下层土壤及地下水中NH_4^+浓度影响小，但对NO_3^-浓度影响大，尤其是长期进行污灌的土壤，易造成地下水NO_3^-污染。黄冠华等（2002）研究了再生水灌溉对草坪土壤与植株N含量影响，结果表明，采用再生水灌溉草坪草根系层（0~30cm土层）土壤中的全N、速效N和NH_4^+-N的含量低于清水灌溉，但根系层及其以下土层NO_3^--N含量明显高于清水灌溉。吴岳等（1986）在青铜峡县河西七条沟利用从水体取样分析的办法对灌溉条件下N、P、K随水流失污染水体进行了研究，结果表明，灌水是促进N、P、K向水体流失的主要原因。吕家珑等（1999）也对土壤中P的运移进行了研究，结果表明，随着磷肥施用量的增加，淋出液中总磷（TP）浓度也随之提高，可溶性无机磷（MRP）占TP的比例也明显增加，而可溶性有机磷（DOP）占TP的比例却明显降低；随着水分的增加以及淋溶的延续，更多的可溶性磷被溶解而随水流出土壤（MRP）。王亚男等（2001）对含P再生水淋滤条件下土壤中P迁移转化进行了模拟试验，认为可溶态P进入土壤后，主要随水分作溶质迁移，在迁移的同时，不断转化为吸附态P和各种沉淀态P，吸附态P固着于土壤颗粒上，不发生迁移；沉淀态P在土壤中主要参与化学转化，并随水分迁移。陆垂裕等（2004）通过试验，研究了再生水灌溉系统中N、P转化运移，分析了试验过程中的水分平衡，再生水灌溉过程中各种污染物的变化、积累和运动。万正成等（2004）的研究结果发现，污灌后土壤水中的全P含量明显小于清灌含量，最大值均出现在0.60~0.90m处，且随污灌次数增多土壤水中全P含量越来越小。姜翠玲等（1997）取徐州奎河的生活再生水灌溉做了土壤中三氮之间相互转化影响因素的研究，污水中含量高达5.35mg/L的氨氮进入土壤后，大部分被土壤胶体所吸附，迁移能力差，一般不会直接污染地下水，但污水在下渗时，能淋溶土壤中积存的亚硝酸根离子和硝酸根，使它们在地下水中的含量迅速增加，污灌以后，随土壤含水量、氧化还原电位和pH值的变化，氨化作用、硝化作用和反硝化作用依次成为氮素转化的主要机制。

周媛等（2015）研究发现，再生水灌溉能够提高土壤养分含量，促进土壤团粒结构的形成，从而优化土壤结构和提高土壤肥力。Bedbabis等（2015）研究了长期再生水灌溉对土壤的影响，发现再生水灌溉增加了土壤pH值、EC、有机质、微量元素和盐分含量。Chen等（2014）对北京7个再生水灌溉公园进行了采样研究，发现再生水灌溉提高了土壤有机质、全氮和有效磷含量，改善了土壤养分状况，并且随着灌溉年限的增加，土壤健康改善越明显。

作为所有有机体中最主要的必备养分元素，氮素在再生水中的浓度和土壤中的分布是科学家关注的热点。Levy等（2011）研究表明，灌溉用再生水中总氮浓度一般介于5～60mg/L，其氮素形式主要为铵态氮和可溶性有机氮；而在快速硝化作用下再生水施入土壤后，氮素主要以硝态氮形式存在。李久生等（2015）通过研究再生水滴灌系统加氯处理对土壤化学特性的影响，发现再生水加氯处理会造成表层土壤盐分过量累积而抑制矿质氮的形成，进而降低表层土壤中硝态氮含量。李平等（2013）研究再生水地下滴灌系统加氯处理对土壤氮素含量的影响得到了相反的结果，他们发现再生水地下滴灌加氯处理会提高0～20cm硝态氮和矿质氮残留量。陈卫平等（2012）研究表明，长期再生水灌溉会引起土壤硝态氮浓度增加和溶解氧下降从而导致反硝化作用增强，减少氮素淋失对地下水的污染；同时，再生水灌溉导致土壤盐分累积，降低了作物对氮素的吸收，增加了土壤氮素的淋失风险。这些研究结果表明使用再生水进行农业灌溉，必须考虑再生水中氮素含量，降低硝态氮污染地下水的风险。潘秋艳等（2016）使用再生水对盆栽棉花土壤进行灌溉，研究结果表明，再生水灌溉提高了土壤硝态氮含量。陈俊英等（2018）研究发现，随着水质综合指标的增加，斥水和亲水黏壤土的田间持水率、凋萎系数、有效水和易利用水比例均减小，但再生水对田间持水率和易利用水比例降低作用不显著。景若瑶（2019）研究发现，不同肥料在土壤—作物系统中可改变土壤理化性质从而影响重金属的迁移转化，在一定程度上改变重金属的植物有效性，再生水灌溉条件下施加K_2SO_4较K_2CO_3、KH_2PO_4、KCl对土壤Cd和Zn降低效果最佳；施K_2SO_4后SO_4^{2-}可与H^+结合降低土壤pH值，从而增加土壤Cd和Zn。王辉等（2019）研究发现，再生水灌溉显著改变了红壤的持水特性，促使红壤孔隙的大小、数量及其分布发生演变，且与再生水水质浓度、灌溉模式关系密切，连续灌溉下再生水有可能促进红壤有效孔隙的形成；再生水—蒸馏水交替灌溉下红壤大孔隙比例增加，中小孔隙数量减少，致使红壤持水性降低，再生水灌溉模式显著影响红壤水力传导性。

李恋卿等（2001）在石灰性褐色土上连续进行了9年的再生水灌溉试验，结果发现，土壤有机质、速效态养分含量明显增加，土壤孔隙度降低，体积质量（容重）增加，表层土壤全盐量达到1g/kg以上，发生了次生盐渍化。李慧等（2005）认为含油再生水灌溉刺激了土壤中好氧异养细菌（AHB）和真菌的生长，土壤脱氢酶、过氧化氢酶、多酚氧化酶活性与土壤中总石油烃（TPH）含量呈显著正相关，而土壤脲酶活性与土壤中TPH含量呈显著负相关。Abdel-Sabour（2001）研究认为再生水灌溉导致了埃及尼罗河平原表层土壤中Co元素累积。李法虎等（2003）做了劣质水灌溉对土壤盐碱化的影响试验，试验条件下，0~1.2m土壤中的盐分在整个玉米生长期内平均增加了7.5%，碱度增大了19.6%；作物产量和植株高度与土壤含盐量成反比，籽粒产量受影响最为严重。孟春香等（1999）采用盆栽法做了再生水灌溉对作物产量及土壤质量的影响研究，得出污灌能改善土壤质量，增加土壤有机质、全氮、速效氮、速效磷的含量，增加土壤阳离子代换量的结论。袁耀武等（2003）通过对再生水灌溉地域土壤微生物分析，发现其中细菌、放线菌及真菌等各微生物类群的数量与非再生水灌溉区土壤并无明显差异，土壤中一些有特定作用的微生物如自生固氮菌、硝化细菌等的数量也无明显差异。再生水灌溉条件下土壤表面湿度影响土壤细菌总数，地面滴灌处理土壤细菌总数远高于与地下滴灌处理。罗固源等（1997）进行了再生水蚯蚓土地处理与资源回归的研究，利用蚯蚓对土壤物化性能的改良以增加土壤对有机污染物的吸收。江云珠等（1998）则认为再生水灌溉造成稻区水栖无脊椎动物的生物多样性降低，生态平衡被破坏。

袁安秀等（1994）进行了郑州市城市再生水灌溉农田的卫生学评价，对蚊蝇密度、小学生带虫率、农田中的总大肠菌群、地下水等做了全面的调查，结果显示污灌区普遍高于清灌区。何鹏等（1994）做了再生水灌溉区儿童血红蛋白含量及其影响因素分析，对再生水灌溉区和对照区小学生

（11～13岁）血红蛋白含量进行了配对调查，并对影响污灌区儿童血红蛋白的有关因素进行调查分析，结果表明，污灌区儿童血红蛋白含量低于对照区儿童，贫血率高于对照区儿童，且差异显著，其主要原因为常年使用富含锰的再生水灌溉农田，污染了地下水源和粮食，使过量锰进入人体。吕毅等（1997）进行了再生水灌溉致环境铅污染及人群健康效应研究，应用WHO推荐的神经行为核心测试组合对某灌区52名儿童进行神经行为功能检查并测定铅含量，结果表明，再生水灌溉区儿童血铅高于对照组，提出用含铅工业废水灌溉不仅使环境受到铅污染，而且使儿童铅负荷增高，中枢神经系统受到早期损害。宋松海等（1986）研究指出，由于城市工业的发展，废水中的成分日益复杂，20世纪70年代以来郑州市东郊再生水灌区曾几次发生小麦大面积死亡的情况，再生水灌溉区环境污染和对人体健康的影响，一直是人们关注的焦点。

对再生水灌溉带来的土壤重金属污染中国的学者也做了大量的研究，如曹淑萍（2004）进行了重金属污染元素在土壤剖面中的纵向分布特征研究得出，重金属元素随土壤质地不同而有所不同，主要集中在0～50cm土层内的结论。张乃明等（2002）认为污灌水中重金属Hg、Cd、Pb含量的高低与相对应的灌区土壤中重金属的累积量的多少基本一致，对土壤Cd累积影响最大的是再生水灌溉，对土壤Hg累积影响最大的是大气沉降，污灌与大气沉降对土壤Pb累积影响作用相近。段飞舟等（2005）对沈阳市西郊张士污灌区城市再生水灌溉的调查结果表明，经过10年左右的停灌和灌渠改造等措施，该区污灌稻田土壤表层Cd含量仍然处于较高的水平，土壤Cd含量水平仍然对环境和人体健康具有潜在的危害。沈阳市2003年对2个再生水灌溉区的上、中、下游土壤中重金属采样分析研究表明，污灌后2个灌区土壤镉、汞、锌和镍均已超标，用土壤环境质量综合污染指数法评价，灌区1上、中、下游均为重度污染；灌区2上、中、下游均为中度污染。王德厚（1994）对新疆城市废水处理进行了探讨，认为污灌区与清灌区重金属含量无明显差异。申屠超等（2003）采用室内盆栽试验研究生活再生水灌溉对土壤重金属元素的含量与积累的影响，认为生活再生水灌溉与清水灌溉相比，对土壤重金属全量和有效态含量的影响差异甚微，生活再生水短时间用于农业灌溉是安全的。王春等（1998）调查了会理县锌矿污灌区内水、土、作物的重金属污染状况，认为污灌区内土壤、作物受重金属Cd、Zn、Pb的污染严重。张乃明等（2002）研究认为污灌区耕层土壤重金属Pb、Cd累积量随着污灌时间的推移而呈增加趋势，Cd、Pb的年累积增加量分别为0.023mg/kg和0.67mg/kg。段飞舟等（2006）研究了灌溉水质对鞍山宋三污灌区稻田土壤重金属含量的影响，结果表明土壤重金属Cd和Hg分别超标1.8倍和2.2倍，6种重金属污染物空间分布的峰值均出现在工业废水进行灌溉的区域。张乃明等（2006）通过田间取样，研究了太原污灌区土壤重金属和盐分含量的空间变异特征，测定了耕层土壤中重金属Hg、Cd、Pb、盐分、Cl含量及pH值，发现Pb和盐分服从正态分布，Cl服从对数正态分布，并拟合得到Hg、Pb、盐分的半方差函数模型为指数型，Cd和Cl为球型，pH值为高斯型。张光辉（1995，1997）研究了包气带土壤中镉的行为特征的形成机制和控制土壤溶液镉浓度的主要作用、作用条件及影响因素，阐述了镉（Cd）的生物危害性与水分运移、水量变化和作物含水量之间的内在联系，揭示了镉的生物毒性危害与水分变化作用的机制。郑西来等（2003）在沈（阳）抚（顺）灌区土—水—作物系统石油污染调查的基础上，根据土壤非饱和带的结构和组成，选择代表性的土壤剖面分别采集表土和底土，分析土样的主要物理和化学性质，系统测定不同土样对可溶性油吸附的动力学曲线和吸附等温线，并分析了有机质、黏粒含量和含盐量对吸附作用的影响。易秀等（2000、2004）针对陕西交口抽渭灌区水源污染对灌溉的影响问题，结合当地地表污染水源和地下咸水条件，提出了稀污掺混的措施，为在旱区利用再生水资源开辟了一条道路。同时还提出了在黄土区建立用水养水相协调的生态灌区建设模式的设想和建议。

再生水灌溉引起的重金属污染风险是研究和应用中广受关注的热点问题。我国《城市污水再生利用 农田灌溉用水水质》（GB 20922—2007）在基本控制项目里对镉、汞、砷、铬和铅5项重金属指标做出了限定。陈卫平等（2014）研究发现，长期使用再生水灌溉会使土壤中重金属污染物累积超标，导致土壤环境恶化，进而抑制作物的正常生长，重金属在植物体内残留，对人体健康构成极大威胁。再生水进入土壤后，一部分重金属被土壤颗粒所吸附，另一部分则随水流通过土壤孔隙向下流动，到达浅层地下水，使地下水体受到污染。再生水虽然经过处理，但仍含有少量的重金属等污染物，长期灌溉可能会对土壤和作物构成一定程度的威胁。Cd会阻碍土壤微生物的物质、能量循环过程，对作物形态、生理及结构等诸多方面均会造成严重负面影响，因此其在土壤当中的含量水平在农业生产和灌溉过程中均受到严格限制。再生水中部分重金属含量高于清水，因此再生水灌溉后土壤重金属残留量往往也相对较高。Lu等（2016）研究表明，短期再生水灌溉下土壤重金属在一定程度上存在积累现象，但并未超出限值。丁光晖等（2015）研究发现，长期再生水灌溉下土壤重金属累积效应明显。杜娟等（2011）通过土柱试验分析了再生水灌溉下土壤中Zn、Cd、Cu、As 4种重金属的形态分布，结果表明，灌溉条件不同，重金属在土壤当中的分布形态不一，再生水灌溉会影响到土壤重金属形态的稳定性。徐建明等（2018）研究发现，重金属Cd和Pb对土壤和地下水安全均会构成极大威胁，一旦进入土壤，会在土壤中不断累积，阻碍作物对养分的吸收，危害作物品质。严兴等（2015）研究表明，经再生水灌溉后的蔬菜中含有一定量重金属，且重金属在蔬菜中的富集程度与蔬菜品种相关，果实类蔬菜在安全标准内，但茎叶类蔬菜超出了污染物限量标准。还有研究表明，不同施肥种类和水平会影响土壤的pH值、氧化还原电位、离子强度等土壤理化性质，从而影响重金属的形态和总量。景若瑶等（2019）研究表明，再生水灌溉条件下，可通过选择施加适宜的钾肥种类，调控重金属Cd在土壤—作物系统的分布及其生物有效性，施加K_2SO_4与KCl相比，可一定程度降低土壤Cd全量及有效态Cd含量。2021年，代健健通过再生水灌溉水稻试验研究表明，地下渗漏水NH_4^+-N和NO_3^--N浓度都随时间而递减，氮素流失集中在分蘖期和拔节孕穗期。地表水是稻田污染物排放的主要途径，而氮素流失形式以NH_4^+为主。水源对稻田氮素流失影响显著，而灌溉模式对地下水氮素流失影响不显著。

1.2.3 再生水灌溉对地表水体影响的研究

随着再生水灌溉的发展，一些随再生水带来的污染物将在土壤中残留累积，这些污染物一旦遇到暴雨，发生农田径流，就将排出农田，随水流汇到江河湖海。一般情况下，由于土壤径流发生的土壤侵蚀，会将大量泥沙及其含有的N、P以及其他化学元素带入水体并污染水域，如随雨后径流暴发而在海口发生的赤潮，即与径流携带的大量营养元素N、P等有关。在污灌情况下，农田径流一方面把土壤残留污染物带出农田、流汇水域，另一方面再生水灌区的污灌退水，也将部分排入水域，加之污灌田中，N、P等营养物质更为丰富，因此，再生水灌区径流对地表水体有很大的影响。Hu等（2000）利用田间测量方法，选择位于昆士兰州（汤斯维尔高尔夫球场、柳林高尔夫球场和圣约翰山）的3个污灌地点，其污灌历史分别长达5年、20年和30年，测定3个污灌地点土壤的N和P浓度。从污灌地点抽取样品分析N、P浓度，结果发现，在土壤分析深度内，大约有19.5%的磷和36.4%的氮已经脱离了土壤植物系统，并总结出了对地表水有污染威胁的结论。Diane等（2000）利用200m^3/hm^2的厌氧消化再生水污泥对东北部苏格兰Monaughty森林1.33hm^2的试验地进行处理，研究成熟的欧洲赤松林中土壤排水的化学性质，再生水处理中施入了大约400kg/hm^2的N和200kg/hm^2的P，施用3个月和17个月后，对有机层和矿质层的水文学平衡、净降水量、土壤排水中氮和磷通量与对照地区进行了比较，发现由于再生水污泥中含大量营养物质的液体占了95%，所以再生水处理地区有机土层内可溶性的铵和磷酸盐、矿质层的磷酸盐增加较快，由于再生水污泥在晚秋施入，最初仅含少量的硝酸盐（NO_3^-<0.05kgN/hm^2），所以矿化增加不明显，只有少量的硝态氮被淋洗，17个月后，再生水处理地区N和P总通量仍然要比对照大，在有机层和矿化层观察到大量的硝态氮损失，土壤排水中NH_4^+、NO_3^-的浓度与对照相比明显增加了，从最低的土层测得土壤排水中N的总通量超过了整个研究阶段随污泥施入总量的2.5%。

面源污染是中国农村环境整治、美丽乡村建设和乡村振兴过程中所面临的主要环境问题之一。据2010年《第一次全国污染源普查公报》结果显示，农业污染源是造成我国水环境污染的"大户"，其化学需氧量（COD）、总氮（TN）和总磷（TP）排放分别占地表水体污染总负荷的43.7%、57.2%和67.4%。黄冠星等（2010）对中国珠江三角洲典型区水土中铅的分布特征研究表明，研究区地表水已受到周围含铅工业废水的污染，地表水体的绝大部分铅被吸附在悬浮颗粒上，水溶性铅很低。表层土壤（0~10cm）铅全量为95.6~241.4mg/kg，受污染的程度与表层土壤受再生水灌溉强度密切相关，各形态铅质量分数平均值从大到小依次为残渣态>氧化物结合态>弱有机结合态>碳酸盐结合态>强有机结合态>水溶态>离子交换态。底层土壤（30～40cm）铅全量为77～119.8mg/kg，受污染的程度与土壤的松散或密实程度密切相关，各形态铅质量分数平均值从大到小依次为残渣态>氧化物结合态>碳酸盐态>弱有机结合态>强有机结合态>水溶态>离子交换态。

1.2.4　再生水灌溉对地下水水质影响的研究

再生（污）水相对于一般天然淡水具有更高的盐分、氮、磷、重金属及其他营养物质，其用于农业灌溉，可能会对地下水质造成影响。这种影响与再生（污）水质、地下水位埋深、包气带岩性结构及包气带厚度、灌溉工程布设、灌溉方式等密切相关。再生水灌溉对地下水污染的机理为，污染物首先在表层土壤发生多种物理、化学及生物反应，大部分转化物能被作物吸收利用，剩余部分和发生反应时从土壤中置换出的离子（如Ca^{2+}、Mg^{2+}）通过淋溶渗透到地下水，造成地下水NO_3^-浓度和总硬度升高。目前的研究主要集中于再生水中的硝态氮因深层渗漏造成对地下水的污染问题。如刘凌和陆桂华（2002）的再生水灌溉试验结果表明，污灌对下层土壤及地下水中NH_4^+浓度影响较小，但对NO_3^-浓度影响较大，尤其是长期进行污灌的土壤，易造成地下水中NO_3^-污染。高洪阁等（2002）对山东省泰安市郊污灌区41年的观测数据（1960—2000年）进行了分析，研究表明污灌区地下水的各种离子含量和含盐量都有大幅度的增加，并且呈现出加速增长的趋势，对引用水指标比较重要的NO_3^-含量已严重超过引用水标准。万正成等（2004）研究了徐州市引奎河再生水灌溉区城市再生水灌溉对地下水水质的影响，分析了氮化物、高锰酸盐指数和总磷（TP）在土壤中的运移与灌水前后的变化，认为亚硝酸盐和硝酸盐会随着污灌的进行逐层向下渗透，有机物需氧量I_{Mn}不断向下层迁移，造成对地下水的污染。姜翠玲等（2003）研究表明污灌以后，随土壤含水量、氧化还原电位和pH值的变化，氨化作用、硝化作用和反硝化作用依次成为氮素转化的主要机制，污灌10d之内，由于淋溶和硝化作用产生的NO_2^-、NO_3^-会造成浅层地下水的严重污染。刘凌等（2002）利用地中蒸渗仪，研究污灌过程中氮化合物在土壤及地下水中迁移转化规律，发现污灌对下层土壤及地下水中NH_4^+浓度影响较小，但对NO_3^-浓度影响较大，通过稳态数学模型对污染结果进行模拟，认为污灌造成的地下水NO$_3^-$污染的风险很大。李勇等（2005）利用室内土槽试验和数学模拟方法，并结合我国浅水湖泊的特点，模拟研究了两种典型地下水含水层中地下水及其营养物质入湖的规律，揭示了渗流速度和营养物质浓度在湖泊岸坡和湖底两个交界面上的分布形式，并将模型初步应用到我国的滇池。宋晓焱等（2006）研究表明，浅层地下水中氯离子、总硬度及TDS污染与再生水灌溉有关。因生活再生水灌溉，西安地区地下水氯化物和硝酸盐污染严重。因工业废水灌溉，华北平原的石津灌区及成都灌区地下水砷、氰等被普遍检出。于卉等（2000）针对天津市武清县引用北京排污河再生水灌溉导致的浅层地下水污染进行研究，选取辖区内的16个乡，对pH值、氨氮、硝酸盐、亚硝酸盐、挥发酚、氰化物、砷、硫酸盐、汞9项水质指标的监测，采用水质综合评价的方法对水质进行了评价，认为16个监测站点水质都比较差，其中7个监测站点的水质属于"较差"，9个长期使用再生水灌溉的站点地下水质量"极差"，说明长期使用再生水灌溉，会对地下水水质造成较大的影响。马振民等（2002）研究分析了泰安市地下水污染现状与成因，认为该再生水灌溉区第四系孔隙水中K$^+$、Na$^+$、Ca^{2+}、Cl$^-$、SO$_4^{2-}$等是非再生水灌溉区的1.5 ~ 2.5倍，再生水灌溉区NO$_3^-$、硬度及溶解性固体总量（TDS）是非再生水灌溉区的2 ~ 3倍，再生水灌溉直接污染了第四系孔隙水。宋晓焱等（2006）以焦作市南部新河沿岸灌溉区为研究对象，分别用再生水和大气降水进行了土柱淋滤模拟试验，分析了氯离子、总硬度及TDS在土壤中的迁移转化机理，试验结果表明，渗出液中的污染物浓度最初较小，随后出现最大值，最后开始下降，表明当地浅层地下水中氯离子、总硬度及TDS污染与再生水灌溉有关。

　　一般说来，再生（污）水中具有较高的Na$^+$含量，其灌溉入渗过程中会与介质发生阳离子交替吸附反应，使得介质中Ca^{2+}、Mg^{2+}大量进入地下水，从而导致地下水含盐量上升（Qadir et al.，2010）。同位素示踪发现再生水灌溉会对地下水造成硝酸盐氮污染威胁，而包气带为通透性较差的黏土质时，再生水灌溉会促进反硝化作用的进行，使得土壤的氮素利用率降低，进而降低氮素入渗威胁地下水质的风险（裴亮等，2012）。由于土壤对磷具有较强的吸附能力，因此再生水灌溉时其磷污染物会被土壤大量吸附，极难向下迁移污染地下水。Lu等（2016）发现再生水灌溉导致的重金属在土壤中的积累速率小于植被从土壤中的吸收速率，从而使得再生水灌溉不会打破土壤中重金属含量的原始平衡状态。Bao等（2014）在研究中指出再生水灌溉对地下水产生重金属及有机污染的风险均较低。包气带厚度是地下水受再生水污染威胁与否的重要决定因素（Xiao et al.，2017a）。再生水灌溉通常会在包气带浅部发生淋溶作用，而其7m深度以下淋溶作用基本消失，因此当地下水埋深小于7m时，再生水灌溉容易威胁地下水质，导致其水质变差（吴文勇，2009）。包气带对磷的去除作用也与其厚度具有明显的正相关关系。根据北京市南红门再生水灌区长期试验结果，5m土壤包气带可去除再生水中95.5%的总磷（TP），12m土壤包气带可去除再生水中98%的总磷（TP），可有效避免地下水不受磷污染（宝哲，2014）。灌溉周期也是影响再生水中污染物运移的重要因素。Xu等（2010）在研究中指出长期的再生水灌溉会使得污染物向下迁移，对地下水水质形成威胁。然而，目前国内外针对大型再生水灌区长周期（大于10年）地下水水质监测的较少，对再生水灌区长序列时空变异分析的更是鲜见报道。

在天津市武清区，李玉明等（2006、2007）花费3年时间用再生水灌溉农田，并对农田土壤、农作物和对应区域浅层地下水进行研究，其研究结果表明，再生水中的氨氮等污染物对土壤肥力和农作物的生长有着明显的促进作用，再生水中的污染物并没有影响到浅层地下水水质，未对该区域地下水造成污染。陶红（2016）通过对念坛湖周边再生水和地下水中现场检测指标、三氮、盐分指标、高锰酸盐指数等指标对比分析，表明湖泊再生水的入渗对地下水中氯化物、氨氮、高锰酸盐指数等具有一定的影响，再生水的地表渗滤会增加地下水中氯化物、氨氮及有机物的含量。宝哲（2014）通过研究再生水灌溉条件下浅层地下水重金属污染情况发现长期的再生水灌溉可能会引起浅层地下水中Cr含量的增加。杨岚鹏等（2017）研究结果表明不同pH值的土壤对三氮的吸附效果不同，当土壤pH值小于4.5时，硝化作用和反硝化作用受到土壤酸性条件抑制，土壤对硝态氮和亚硝酸盐氮的吸附效果降低，可能引起浅层地下水硝态氮亚硝酸盐氮的累积。王齐等（2011）通过土柱淋滤模拟试验模拟了土壤使用再生水灌溉前后的渗滤水水质的变化情况，发现再生水灌溉后的土壤渗滤液中各污染物pH值、余氯含量、氮磷总量和粪大肠杆菌总数组分较原土壤渗滤液各污染物组分有所增加，但增加量较小，与再生水水质相比较各污染物均有不同程度的减少，这说明再生水在土壤渗滤的过程中部分污染物能被土壤吸附。陈卫平等（2012）研究发现，在地表回灌方式下，再生水灌溉可能引起地下水中盐分、硝态氮含量的增加，而重金属的污染风险相对较小。王昌俊等（2005）通过短期对土壤再生水灌溉后发现，大肠杆菌不易随土壤淋溶作用进入土壤深部，土壤深度30cm以下很难发现大肠杆菌的踪迹，因此再生水灌溉不会引起地下水大肠杆菌超标的现象。王巧环等（2012）通过对绿化草坪进行5年时间的再生水灌溉来研究采用再生水灌溉的灌溉水水质与地下水理化性质与污染物浓度变化之间的关系，研究结果表明，当采用清水灌溉时对地下水水质无明显影响，而采用再生水灌溉（11月、12月、1月、2月未对绿地进行再生水灌溉）则发现5年再生水灌溉引起地下6m处浅层地下水水质硝态氮含量明显增加，而对20m深井水质无明显影响。关于再生水水体中溶解态氮对浅层地下水的影响姜翠玲等（1998）做了进一步的研究，研究发现，当再生水中氨氮含量低于5.35mg/L时，绝大多数氨氮会因为土壤胶体的吸附作用以及植物根系的吸收作用而难迁移至地下水中，当氨氮含量高于5.35mg/L时，可能会在氨化作用、硝化作用、反硝化作用下对地下水造成硝态氮污染，并且有一定的滞后性，通常在灌溉之后10d左右会显现出来。尹世洋等（2018）认为，地下水中硝态氮含量变化受多种因素影响，例如土地利用类型、地下水开采强度和地下水深度等，地下水深度越浅或地下水位降幅越大都容易引起地下水硝态氮含量显著增加。徐蕾等（2018）通过短期和长期两种再生水的灌溉模式对绿地进行再生水模拟灌溉发现，短期的再生水灌溉绿地不会引起土壤污染和浅层地下水的污染，长期再生水灌溉会造成绿地土壤表层重金属积累和土壤肥力增加。Park等（2014）研究认为用再生水过度灌溉可能会导致作物产量下降和地下水质量下降。如何尽量减少对环境质量的负面影响是使用再生水灌溉时必须要面对的问题。Jeong等（1998）研究发现，当使用含有比常规灌溉水更多营养物质的再生废水进行灌溉时，不仅可以促进农作物的生长，还一定程度上降低了氮肥的使用量，从而降低了农业灌溉的成本。García-Santiago等（2017）认为，在低沉降地区，再生水灌溉可能导致有害微生物在土壤中积累，污染地下水，并通过生物转移最终到达人体，危害人体健康。Guo等（2017）通过对土壤再生水灌溉和施肥的方法进行再生水灌溉环境影响指标的筛选，认为土壤微生物活性和土壤氮含量是再生水灌溉对土壤以及地下水环境影响的重要指标。陈卫平等（2012）通过再生水和污水对比试验研究发现，再生水灌溉对土壤的影响远小于污水灌溉，同时再生水灌溉能有效的增加土壤肥力，减少农用化肥的使用，从而降低农作物种植成本。Mataix-Solera等（2011）也发现了相似的结果，采用再生水对果树进行灌溉在降低灌溉成本的同时也促进了果树的生长。Bielorai等（1984）认为，虽然使用再生水灌溉能缓解干旱地区水资源压力，但新兴污染物（Contaminants of emerging concern，CECs）也有可能在土壤环境中积累，并通过渗滤作用污染含水层。Marinho等（2014）通过研究指出，再生水用于农业灌溉时需要对再生废水水质和土壤状况进行适当的管理和定期监测，以减轻钠盐积累带来的负面影响。综上研究结果不难发现，再生水水质是否符合相关标准（GB/T 18920—2002）、灌溉时间长短是采用再生水灌溉是否会对浅层地下水造成污染的主要因素。

1.2.5 污染物在土壤—植物—地下水系统中转化运移模拟研究

关于污染物在土壤中的迁移转化及向含水层的迁移，尤其是在土壤多相介质环境数学模型建立方面国外做了大量研究工作，如Walker于1974年模拟了农药在土壤中的残留动态。随后Leistra于1976年、Addiscott于1977年相继建立了数学模型来模拟农药在土壤中的动态，这些模型都侧重于公式推导，而在理论上缺乏深入的探讨。到了20世纪80年代以后，污染物迁移净化机理的模型大量涌现。1982年Enfield和Carsel建立了农药分析模型。Shimojima和Sharma（1995）在非饱和砂土上模拟了水分及非保守性污染物的运移过程，提出并验证了数值模型。污染物在农田土壤中的积累转化方面的研究成果也很多。如Bonazounts和Wagener于1984年建立的土壤分室模型，将土壤沿剖面划分成若干层，称为"室"，对每个室应用质量守恒定律，结合污染物迁移方程、转化方程和反应方程来求出污染物在土壤中的分布、积累。为了评价农药淋溶对地下水的污染，Mackay等（1991）提出了表层土壤模型，通过计算表层土壤中的污染物浓度的减少评价其对地下水的污染状况。Carsel（1985）提出了农药根区动态模型（PRZM），用来模拟化学物在作物根区内或根区以下不饱和土壤系统中的运动规律。20世纪80年代以来，美国、英国等西方发达国家在研究非饱和带水分运动的基础上，开始研究污染物在非饱和土壤中的迁移规律，并通过大量的室内及野外土柱试验，确定了非饱和带垂向一维弥散系数和衰减系数，此阶段的示踪剂大都采用保守性物质。随着研究工作的深入，逐步开始研究重金属在非饱和带的迁移转化规律，考虑土壤液相和固相浓度的分配系数，并借助于Henry、Freundlich和Langmuir的等温吸附模式来表示液相和固相浓度吸附和解吸问题。对于弥散系数的研究，Pickens等（1978）又将恒定常数扩展为随时空变化的动态参数。对土壤介质结构的研究，由结构不变的刚性体，发展为研究可变的介质体，由均质土壤研究到分层土壤。在土壤水分运动方面，由非饱和带的平均孔隙速度发展到研究可动水体和不可动水体，并综合考虑水、气、污染物及土壤四者之间相互作用关系。在数学模型求解方面也在不断发展，由非饱和带的简单解析解发展到考虑复杂因素的数值解，求解的初始条件和边界条件也在不断改进，使之更加接近污染物迁移的实际情况。

中国对污染物在非饱和土壤中迁移转化的研究也开始重视起来，并进行了大量的研究工作，尤其是氮、磷、重金属和有机农药污染方面受到专家们的高度重视，对它们在土壤作物系统的吸附、迁移、转化、归宿和分布规律方面的研究，都取得了较大的进展。最初他们的研究方法侧重于盆栽试验和田间试验，其目的在于弄清楚氮肥施入农田后的去向，作物吸收、利用多少、土壤残留多少、深层渗漏多少、挥发多少，其研究重点侧重于氮素的转化。近几年，中国土壤物理学者在室内外开展了一些溶质运移的试验研究，刘凌等（1995）进行了再生水灌溉重氮化合物迁移转化过程的研究，结果表明，土壤中氨氮含量由上至下降低，硝酸盐氮含量由上至下升高。张相锋等（2003）用数值模拟的方法研究了污染物氚在下包气带非饱水条件下的迁移转化问题。土壤氮素运移属于土壤溶质运移的范畴，其定量化研究主要依据土壤溶质运移的基本原理和模型。根据不同土壤环境条件和研究目的，建立了各种模拟模型，这些模型分为对流-弥散传输模型、传输-化学平衡模型、函数模型三大类。考虑土壤参数的时空变异性，又发展了随机对流-弥散传输模型、随机函数模型。

刘培斌等（1994）对室内外不同排水条件下淹水稻田土壤中氮素运移、转化规律进行了试验研究，对氮素在土壤和地下水中的运移动态及分布过程进行了初步探讨。黄元仿（1994）研究了水、热共同作用下土壤中氮素的运移转化规律，建立了土壤水、热和氮素的联合模型。黄元仿等（1995）以联合模型为基础模拟了田间条件下土壤氮素运移。武晓峰等（1996）在田间试验的基础上建立了土壤—作物系统中水分运动及不同形态氮素迁移转化的数学模型，模拟了冬小麦生长期田间水分、NH_4^+、NO_3^-含量及其分布的变化。黄元仿等（1996）建立了田间条件下土壤氮素运移的模拟模型，借用美国学者Warrick（1970）的试验资料验证了他们的模型。崔剑波等（1997）运用随机过程——马尔可夫过程（Markov process）的理论，对田间非饱和流条件下土壤NO_3^-运移进行了模拟。Inubushi等（1999）研究了盐分和湿度对N_2O挥发的影响，并进行了黄土地氮素动态模拟。刘培斌和张瑜芳（1999）对稻田中氮素淋失进行了田间试验研究，并进行了数值模拟。叶自桐（1990）、任理等（2001）运用传递函数模型分别对盐分迁移及氮素的淋失动态进行了模拟。任理等（2003）针对土壤剖面存在残留氮分布的特征，通过引入溶质迁移距离的概率密度函数的修正系数，推广了Jury等（1989）提出的模拟非稳定流条件下土壤保守溶质运移的传递函数模型，构造了一个能估算表施和残留氮对土壤NO_3^-淋失动态贡献的传递函数模型。同时，任理等（2003）以河北省曲周县的中国农业大学试验站的田间定位试验为背景，进一步检验了其本人所提出的TFM对土壤剖面2m埋深处NO_3^-淋失动态的模拟精度，并估算了表施氮素和残留氮分别占总淋失量和总施氮量的比例，定性分析了估算结果的合理性。曹巧红等（2003）将Hydrus-1D水氮联合模型用于模拟非饱和介质中一维水分、热和溶质运移过程，取得了较好的效果。王红旗等（2003）通过温室条件下冬小麦不同种植方式、再生水不同土地处理状态下水氮运移吸收和净化过程模拟试验，分析了作物生长、根系生长与分布、根系对水分氮素吸收规律以及根系竞争吸收与土壤中水、氮含量的关系，以及氮净化规律等，在此基础上，建立了作物生长—根系生长与分布—根系吸水、吸氮—土壤中水氮运移转化—作物生长循环计算联合模型。李保国等（2004）系统论述了不同尺度下土壤溶质运移模型的研究进展，根据模型的构成原理，可分为确定性机理模型、确定性函数模型和随机模型3类，随机模型又可分为基于变量空间变异特性的随机模型和基于变量时间序列随机特性的随机模型。

污染物在地下水中迁移转化的研究，主要是运用数学模拟方法进行。把数学模型应用于地下水质模拟研究是20世纪60年代以后的事情。世界上许多国家开展了此项研究，建立了预测性的地下水质模型，其中美国、加拿大、法国、英国等发达国家建立的模型多而且成熟，并在不断改进和完善。对孔隙介质中水动力弥散研究的详细综述则是1967年由苏联Bel等完成的，他们根据简化的和统计的模型来讨论各种水动力弥散理论、边界与初始条件的形成，以及弥散系数与水流速度及渗透介质几何形状关系的理论，并给出了实测资料，尤其指出了水动力弥散可由纵向弥散和横向弥散系数来表征。Fried在1972年进一步研究了经典模型与水动力弥散方程，认为孔隙介质的每个无穷小单元体都是由固体物质与孔隙构成的，并提出了考虑固体物质与孔隙分界面上浓度与浓度梯度跳跃变动的新水动力弥散模型，导致水动力弥散方程中增加了补充项。1977年，Wills和Neumman在系列论文中提出了分散参数系统内地下水质动态管理的通用模型。美国地质调查局在1978年提出的一份地下水质模型报告可作为范例，该模型是计算地下水中不起反应的溶质浓度瞬态变化的数值模型，其计算程序是求解两个联立的偏微分方程。该模型通过联立求解地下水流方程与浓度方程来解决稳态水流和瞬态水流问题。近年来国外学者在地下水溶质运移理论和试验研究方面又取得了新的进展，对污染物迁移的弥散系数提出了与时空相关的表达式，大量的试验研究使得迁移方程中的衰减、离子交换、生物、化学反应项的系数取值更合理，考虑因素更全面。美国、英国、荷兰等国对污染物在地下水中迁移转化的一维模型解析解方面，不断有新的成果出现。考虑到地下水资料监测的复杂和变异性，20世纪90年代开始，国外对污染物迁移转化的随机模型也开始广泛地研究。

为了反映地表—地下之间的水量水质相互作用关系，构建地表、地下耦合的水量及溶质运移模型，用于解决水资源和水环境问题已经成为现在研究的热点。目前，耦合模型主要基于地表、非饱和带和饱和带水流数学模型和溶质运移数学方程进行构建，并采用耦合求解算法将各部分的数学方程进行求解，从而模拟地表—地下的水流、溶质运移交换过程。随着计算性能和数值求解算法的改进，耦合模型的计算精度不断提高，水量耦合模拟的应用主要包括地下水水位预测、河流与地下水间的相互交换及洪水预报、极端天气

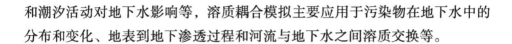

和潮汐活动对地下水影响等，溶质耦合模拟主要应用于污染物在地下水中的分布和变化、地表到地下渗透过程和河流与地下水之间溶质交换等。

1.2.6 再生水灌溉的生态风险评估研究

再生水利用不仅仅解决水资源紧缺的问题，在一些地区也被作为一种废水处理技术，美国佛罗里达州再生水灌溉柑橘试验表明，大定额再生水灌溉促进了柑橘生长和果实产量，仅仅降低了果汁中可溶性固形物的浓度，但与400mm灌溉等额相比，每公顷总可溶性固形物却提高了15.5%，自1992年开始再生水已作为重要替代水源在佛罗里达州和加利福尼亚州进行应用，再生水与清水的节肥增产效应也推动和促进了再生水农业利用的快速发展。再生水利用的作物生态风险主要来自再生水处理不达标、再生水中有毒有害物质（盐分、痕量重金属、持久性有机污染物、新型污染物等）的环境负反馈，抑制作物生长、叶片发黄甚至死亡，进而通过植被根系进入植株体，并在果实中累积。已开展的再生水利用的作物生态风险评价结果显示，短期再生水灌溉增加了植物叶片和果实中重金属含量，但未超过相关安全标准。

再生水利用的健康风险评价通常采用1983年美国科学院公布的四步法：即危害鉴别（Hazard identification）、暴露评价（Exposure assessment）、剂量反应分析（Dose-Response analysis）、风险评定（Risk characterization）。Tanaka等（1998）运用微生物定量风险评价的方法评价了加利福尼亚的4个二级污水处理厂的再生水用于高尔夫球场和食用作物灌溉时被感染的风险，结果表明当再生水用于食用作物灌溉时加氯量不低于5mg/L即可使其可靠性达100%，而用于高尔夫球场灌溉，加氯量需达10mg/L才可保证其安全性，特别是三级处理再生水中病原菌均为检出或检出限极低，三级处理再生水灌溉食品中沙门氏菌、环孢子虫、大肠杆菌均未检出。除病原微生物外，长期再生水灌溉导致再生生水中痕量药物和个人护理品等新型污染物进入食物链，经过生物二次浓缩，从而加剧了人类生命健康风险。部分再生水中含有挥发性有机污染物多达20种，如1,1,2-三氯乙烷、三氯甲烷、三甲基苯、四氯乙烯和甲苯等芳香烃、卤代烃物质，灌溉草坪后的暴露评价表明有潜在健康风险。此外，不同学者针对再生水中的内分泌激素（Endocrine hormone）、内毒素（Endotoxin）、多环芳烃（Polycyclic

aromatic hydrocarbons，PAHs）、壬基酚（Nonyl phenol，NP）、塑化剂
（Phthalic acid esters，PAEs）等也开展了健康风险研究，研究结果显示再
生水用于灌溉时，这些污染物的健康风险均处于可接受水平。

设施农业长期处于高集约化、高复种指数、高肥高水、高温、高湿的
生产状态下，主要养分利用率仅为30%左右，再生水回用设施农业更应慎之
又慎。

针对我国国情，在国内外研究基础上，需要进一步研究再生水灌溉对
设施土壤氮素演变特征影响，明确土壤氮素在再生水灌溉和外源施氮下的周
转过程和规律；研究再生水灌溉下土壤指示酶活性演变特征及其趋势；研究
再生水灌溉下土壤微生物群落结构的演替特征，并探明再生水灌溉下功能微
生物种群相对丰度和多样性变化；利用数学统计模型，构建再生水灌溉土壤
氮素矿化耦合模型；研究再生水灌溉对番茄产量、品质和氮肥利用效率的影
响，提出适宜再生水灌溉设施农田氮肥追施模式；研究再生水灌溉对设施生
境的影响，评估其关键风险因子、输入途径和风险商数。

1.2.7 再生水灌溉技术与灌溉制度研究

国外再生水用于农业灌溉的实践已有较长历史，尤其是一些地处干旱
半干旱地区及经济发展水平较高的国家。美国、以色列、加拿大、澳大利
亚、突尼斯、西班牙等国家再生水灌溉技术发展较快。为了安全高效地将再
生水回用于农业，避免负面影响，国外针对再生水回用技术，开展了一系列
研究工作。Gushiken等（1995）研究发现，同喷灌、地面滴灌、漫灌等相
比，地下滴灌回用再生水可减少对健康危害的风险、恶臭、径流等，降低对
人体健康的危害。加拿大麦吉尔大学的Kaluli等（2012）研究表明，与地面
灌溉相比，地下灌溉可减少硝酸盐淋失率达70%以上。澳大利亚开发了再生
水灌溉与处理相结合的再生水利用系统，具有再生水灌溉和再生水处理的双
重功能。以色列通过使用微、喷灌技术，提高了再生水利用率，达到了节水
和防治污染的双重目的。突尼斯农业部，在联合国发展计划署（UNDP）的
协助下，采用大水漫灌和沟灌方法，研究了再生水灌溉对作物生产率、生长
性状及土壤卫生质量的影响，发现再生水回用对土壤的物理和卫生学性状没
有影响，但土壤的化学性质发生了变化，电导率增加，表层土壤中痕量重金

属元素Zn、Pb、Cu等增加。西班牙有关部门于1995—1998年连续3年在格拉纳达省进行了再生水滴灌杧果的试验，试验结果表明，再生水水质对杧果产量影响不大，但影响杧果的单果重量和大小，达不到正常要求。以色列对地表滴灌和地下滴灌进行了对比试验，研究发现，灌溉系统对病菌的存在范围影响很大，灌溉系统不同，病菌的存在范围也不同，地表滴灌后蛔虫卵存在于地表，地下滴灌后蛔虫卵存在于地表下40cm范围。英格兰用含有蛔虫卵的再生水灌溉后发现，在叶类蔬菜上发现有蛔虫卵的累积现象，而在番茄上未发现累积。Davies等（2016）研究表明，交替的让一部分根系处于干旱状态，对另一部分根系进行灌溉，处于干旱区域的根系能够感知土壤干旱，产生并输出荷尔蒙信号（脱落酸），当这种根信号传递到地上部后，可减小气孔开度，控制生长，使蒸腾大幅度下降，而光合基本上不受什么影响，从而提高了水分利用效率。Loveys等（2011）研究表明，分根交替灌溉技术能改善作物价值，如促进早熟、增加含糖量等，尤其是分根交替灌溉能通过根区土壤的交替干旱，减少病原菌的存活率。Hassanli等（2008）利用清水和再生水进行地下滴灌、地表滴灌及沟灌试验，研究干旱地区再生水不同灌溉方式和灌溉制度对节水、水分利用效率和玉米产量的影响，试验结果表明，与沟灌相比，地下滴灌节水效果最好，地表滴灌和地下滴灌玉米产量更高。Intriago等（2018）基于过滤和太阳能技术处理再生水用于农业灌溉的研究表明，处理后的再生水完全符合相关标准和指南，而未经处理的再生水及灌溉生菜中大肠杆菌数量略高于规定的阈值，生菜产量滴灌高于喷灌。

中国的再生水灌溉试验研究始于20世纪50年代末期，当时的建工部联合农业部、卫生部把再生水灌溉列入国家科研计划，从此开始兴建再生水灌溉工程，再生水灌溉得到了初步发展，国内先后形成了北京污灌区、天津武宝宁污灌区、辽宁沈抚污灌区、山西惠明污灌区及新疆石河子污灌区共计五大污灌区，到1991年，全国污灌面积已达$3.067 \times 10^6 hm^2$。20世纪90年代以来再生水安全利用相关研究进入深化阶段，2000年以后，农业缺水形势日趋严峻，再生水灌溉利用受到广泛关注，到2015年全国再生水灌溉量已达$1.101 \times 10^{10} m^3$，在北京、天津、内蒙古、陕西、山西等省（自治区、直辖市），再生水已在农田灌溉、绿地灌溉、景观补水等方面得到规模化推广利用。据资料统计，2007年我国城市和农村工业以及生活再生水排放总量为750亿m^3，预计2030年全国城市再生水排放量将达到850亿～1 060亿m^3，再生水利用潜力非常大。我国学者在再生水灌溉试验方面，开展了大量工作。如黄冠华等（2002）进行了再生水草坪地下滴灌及渗灌试验；冯绍元等（2003）进行了再生水冬小麦与夏玉米地面灌溉试验；黄爽等（2003）进行了石家庄污灌区再生水灌溉制度的研究，并针对该灌区土壤现状和再生水水质特点，提出了合理的再生水灌溉制度；佘国英等（2006）认为制定污灌定额，根据小麦需水情况、灌区气候、土壤条件以及再生水中污染物含量，制定清、污灌溉定额，实行清、污混灌和轮灌；胡焱（2005）提出了不同作物的再生水灌溉制度，如冬小麦的播前水、冬灌水、返青水、拔节水均可用再生水进行灌溉，玉米和谷子的播前水、拔节至抽穗期也可以用再生水灌溉；董亚楠等（2005）分析了开封市惠济河流域水质污染状况以及再生水灌溉的不良影响，指出制定合理的灌溉制度、调整作物种植结构和建立完整的再生水灌溉管理监测体系等措施，能充分利用再生水中的水肥资源，加速再生水资源化和改善开封市水资源匮乏的现状；杨继富（2000）研究表明，再生水灌溉总的原则是：再生水灌溉的灌水量，灌水次数及灌水时期不能像清水灌溉那样根据作物需水量来决定，应当充分考虑水质、土壤环境状况及作物种类等。

　　由于滴灌技术能够避免直接接触污染和减少污染物随地表径流迁移，近年来再生水滴灌技术应用研究发展较快。在再生水滴灌系统堵塞方面，主要开展了灌水器流道结构与堵塞机理方面的研究工作。如李久生等（2010）进行了加氯浓度和频率对再生水滴灌系统灌水器堵塞特性影响的田间试验；闫大壮等（2011）开展了滴头堵塞特性评估的再生水滴灌试验；李云开等（2013）进行了再生水滴灌系统灌水器堵塞微生物学机制及控制新方法的试验研究。在再生水灌溉技术对作物生长及土壤环境影响方面，近年来也开展了不少研究工作。如Lu等（2016）研究发现，再生水滴灌条件下采取适宜的灌水水平和适当的滴灌带埋深，能够显著增加作物产量和促进作物对土壤氮素的吸收利用，并提高营养品质；仇振杰2014年和2015年在华北平原半湿润地区（北京大兴）开展了再生水地下滴灌大田玉米试验，研究表明，滴灌带埋深15cm和70%田间持水量控制下限组合的地下滴灌处理能够提高作物根区土壤酶活性，避免再生水直接接触污染和大肠杆菌（*E.coli*）在土壤中累积，同时降低水氮淋失，并维持较高的玉米产量；王军等2015年和2016年开展了不同灌水水平对玉米生长影响的滴灌盆栽试验表明，玉米根长密度随土壤深度和距滴头水平距离的增加均逐渐减小，玉米根长密度随着生育期的变化而变化，拔节期根长密度最小，抽穗灌浆期达到峰值，成熟期后期根长密度有所降低；徐桂红等（2019）针对再生水滴灌的蔬菜增产提质增效问题，开展了再生水滴灌对番茄光合作用、产量及品质的影响研究，设置再生水处理和对照（自来水）的低、中、高3个不同灌溉定额水平，试验表明，再生水中等水平灌溉定额为3 235m³/hm²，相应的灌水定额为135m³/hm²，灌水次数22次，产量为179～175kg/hm²，是当地较适宜的灌溉制度。

1.2.8 存在问题与发展趋势

1.2.8.1 再生水灌溉对作物生长影响的研究尚显不足

目前，关于再生水灌溉对作物的影响研究主要包括再生水灌溉对作物生长发育指标、产量、品质、氮的利用效率、叶片色素含量、重金属在作物体内残留累积等方面，对于不同地下水埋深条件下，再生水灌溉对作物不同生育阶段各生育指标影响的系统研究尚未见报道。在作物地下水利用方面，目前所研究的地下水埋深只限于浅层地下水埋深，而对于2m以下地下水埋深对作物的生育指标及产量影响研究不多。

1.2.8.2 再生水灌溉对土壤及地下水环境影响的研究在田间试验方面比较薄弱

在再生水灌溉对土壤及地下水环境的影响研究方面，目前主要进行了再生水灌溉条件下硝态氮、氨态氮和有机质在土壤中迁移、转化和分布规律，重金属在土壤中的分布规律和对土壤的毒害作用，再生水灌溉对土壤理化性质的影响以及再生水中的病毒和病菌在土壤中对人的致病研究等方面。对污灌造成的地下水污染，特别是地下水中硝态氮污染田间试验研究较少，且主要是侧重于土柱淋洗试验，缺乏生态系统观念以及对地下水影响的野外可控试验研究。

1.2.8.3 再生水灌溉污染物运移模拟研究尚需深入与实际的结合

尽管国内外在再生水灌溉污染物迁移转化试验与模拟研究方面取得了不少研究成果，但这些成果多为经验性和纯理论的，距离指导实际的再生水灌溉还有一定的距离，由于受到对再生水灌溉认识的限制，以及作物—非饱和带—饱和带系统的复杂性与隐蔽性，人们对污染物转化运移机理了解不够、对污染物在非饱和—饱和土壤中迁移转化的整体模拟研究不多，大多数是对这一系统的分散的零碎的研究，并没有将这些过程联系起来进行综合研究。对污染物在非饱和带的试验和理论研究还不成熟，转化运移参数及其率定方法还需进一步研究。

1.3 主要研究内容

针对再生水灌溉存在的问题，以及作者可能获得的研究条件，本试验将重点研究不同地下水埋深再生水灌溉氮素运移及对作物的影响，旨在探明不同地下水埋深条件下再生水灌溉中氮素转化运移的机理，并分析其对作物生长和品质的影响，对实现再生水资源的安全利用及农业的可持续发展提供技术依据。研究内容包括以下6个方面。

1.3.1 再生水灌溉氮素运移机理及对冬小麦品质影响试验

主要研究不同水质再生水灌溉后土壤中氨态氮、硝态氮的动态分布，土壤中氨态氮、硝态氮随作物生育期的变化过程，再生水灌溉对冬小麦氮、磷、钾吸收以及小麦籽粒中重金属含量的影响。通过以上研究，探讨再生水灌溉对农产品安全性的影响。

1.3.2 不同地下水埋深冬小麦再生水灌溉氮素运移田间试验

主要研究不同地下水埋深条件下冬小麦再生水灌溉全生育期内土壤水分动态变化，污灌后土壤中NO_3^-、NH_4^+迁移转化过程，以及土壤溶液及地下水中NO_3^-、NH_4^+迁移转化动态。通过以上研究，探讨地下水位对氮素在土壤及地下水中转化运移的影响机理，为地下水浅埋区再生水安全灌溉提供依据。

1.3.3　不同地下水埋深夏玉米再生水灌溉氮素运移田间试验

主要研究不同地下水埋深条件下夏玉米再生水灌溉全生育期内土壤水分动态变化，污灌后土壤中NO_3^-、NH_4^+迁移转化过程，以及土壤溶液及地下水中NO_3^-、NH_4^+迁移转化动态。通过以上研究，探讨地下水位对氮素在土壤及地下水中转化运移的影响机理，为地下水浅埋区再生水安全灌溉提供依据。

1.3.4　不同地下水埋深再生水灌溉对作物生理指标的影响

主要研究不同地下水埋深条件下再生水灌溉对作物（冬小麦、夏玉米）株高、叶面积指数、群体密度和产量的影响，探讨其对作物（冬小麦、夏玉米）生长的影响机理，为再生水对作物的安全利用提供技术依据。

1.3.5　不同地下水埋深再生水灌溉氮素转化运移模拟研究

主要研究不同地下水埋深条件下再生水灌溉氮素转化运移机理的基础上，建立不同地下水埋深再生水灌溉氮素转化运移人工神经网络模型，并进行实例验证。研究结果对再生水灌溉环境影响预测及评价提供理论依据。

1.3.6　再生水灌溉环境影响评价与健康风险评估研究

在综合分析田间试验结果基础上，采用模糊综合评价分析方法，建立再生水灌溉环境评价指标体系，开发出配套计算机软件，进行实例评价，并应用暴露风险评估模型评估了长期再生水灌溉的生境健康风险。

1.4　研究方法和技术路线

研究采用室内与室外试验相结合、田间试验与计算机模拟相结合的研究方式。田间试验在中国农业科学院农田灌溉研究所作物需水量试验场和洪门试验站地中渗透仪观测场进行。作物需水量试验场主要进行不同水质再生水灌溉对氮素运移、作物生长发育及品质的影响，试验在测桶进行；洪门试验站地中渗透仪观测场主要进行不同地下水埋深再生水灌溉田间试验，重点研究地下水位对氮素运移及作物生长的影响机理。化验分析在中国农业科学院农田灌溉研究所水环境综合实验室进行，主要进行水质、土壤、作物及农产品品质分析。在试验研究的基础上，建立不同地下水埋深再生水灌溉氮素转化运移人工神经网络模型，进行了再生水灌溉环境影响评价分析。通过上述研究，探讨不同地下水埋深条件下再生水灌溉氮素运移及对作物影响机理，从而为再生水资源的安全利用提供理论依据。研究思路见图1-2。

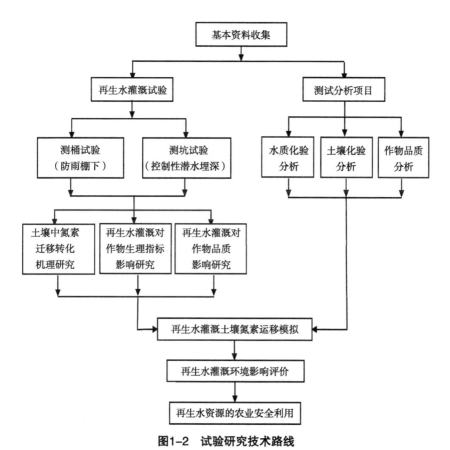

图1-2　试验研究技术路线

2 再生水灌溉氮素运移及对作物影响试验设计

2.1 再生水的概念及其在本研究中的含义

关于"再生水"的提法，不同学者有不同的见解，概括起来主要有"再生水""非传统水""劣质水""中水""废水""生活废水"等。从"再生水"的内涵来看，其看法也不尽一致，如有的专家认为，再生水应包括城市再生水、工业废水或混合再生水；还有的认为再生水应包括生活废水、工业废水和城市废水；也有的认为再生水是指城镇再生水（城镇生活再生水和工业废水）。从以上对再生水的不同定义及内涵的解释可以看出，主要在于对再生水范围认识的广义和狭义的差别。再生水灌溉是指对城市生活再生水和工业废水进行无害化处理后，直接或间接地用于农田灌溉、园林灌溉和地下水库回灌，但与淡水相比，经过处理后的再生水仍然含有一定量的有害物质，因此利用其进行灌溉可能会导致对土壤、作物、地表水与地下水的污染以及影响人体健康。本研究中所指再生水是指再生水经适当工艺处理后具有一定使用功能的水，包括一级处理出水和二级处理出水。一级处理出水是指中国农业科学院农田灌溉研究所再生水处理厂经过滤和沉淀处理后的生活再生水；再生水是指新乡市某再生水处理厂二级处理出水；清水是指洪门试验站浅层地下水。

新乡市某再生水处理厂处理工艺采用改良型A^2/O工艺（厌氧—缺氧—好氧，Anaerobic-Anoxic-Oxic，AAO法），排放标准为国标二级（其中COD为一级）。

2.2 试验小区概况

不同水质再生水灌溉试验在中国农业科学院农田灌溉研究所作物需水量试验场进行，试验地土壤为粉砂壤土，容重0～40cm土层为1.44g/cm³，40～100cm土层为1.42g/cm³，田间持水量为24%（重量含水率）。不同地下水埋深再生水灌溉试验在中国农业科学院农田灌溉研究所洪门试验站地中渗透仪观测场进行，试验地土壤为砂壤土，土壤分类及土壤颗粒组成详见表2-1。

表2-1　土壤干容重和土壤颗粒分析结果

土层深度 （cm）	不同土壤粒径所占百分数（%）			土壤分类	干容重（g/cm³）
	0.02～2mm	0.002～0.02mm	<0.002mm		
0～35	57.75	30.72	11.53	砂壤土	1.40
35～60	56.60	25.40	18.00	砂质黏壤土	1.42
60～100	49.92	34.31	15.77	壤土	1.42

中国农业科学院农田灌溉研究所地理位置为北纬35°19′，东经113°53′，海拔73.2m，多年平均气温14.1℃，无霜期210d，日照时数2 398.8h，多年平均降水量588.8mm，年降水量变化较大，丰水年与枯水年可相差3～4倍，且降水年内季节分配不均，7—9月降水量占全年降水量的70%左右，多年平均蒸发量2 000mm。

2.3 试验设计

2.3.1 测桶试验设计

2.3.1.1 冬小麦再生水灌溉氮素运移试验

冬小麦再生水灌溉试验设置水质和灌水量两个因素。试验所用中水为中国农业科学院农田灌溉研究所经过滤和沉淀后的生活再生水。再生水为新乡市某再生水处理厂经过二级处理的出水，清水为井水。水质设置中水、稀释中水（中水和清水各一半混合而成）、再生水和清水（井水）4个水平；灌水量设置高灌水定额水量（1 200m³/hm²）和低灌水定额水量（900m³/hm²）两个水平。采用随机区组设计，两次重复。试验作物为冬小麦百农66，播种时间和收获时间分别是2006年10月4日和2007年5月27日。每排使用测桶8个，共使用2排，测桶深度为1.1m，面积为0.4m×0.4m，桶内土壤原为扰动土，经多年熟化，已接近自然条件下土壤。试验选用的肥料为含氮（N）46.3%的尿素和含P_2O_5 44%及含氮11%的磷酸一铵。试验期间对冬小麦进行了3次灌溉，灌水日期分别为2007年3月18日、2007年4月15日和2007年5月9日。试验设一个施肥水平，N 300kg/hm²和P_2O_5 225kg/hm²。肥料以底肥和追肥两种方式施入，其中底肥N占总施入量的50%，P_2O_5作为底肥1次全部施入，并于2007年3月18日结合灌水进行了施肥（尿素）。试验设计见表2-2，试验布置见图2-1。

表2-2 再生水灌溉试验设计

因素	处理							
	中水		稀释中水		经处理的中水		清水	
灌水量（m³/hm²）	900	1 200	900	1 200	900	1 200	900	1 200

图2-1 再生水灌溉测桶试验布置

2.3.1.2　夏玉米再生水灌溉氮素运移试验

夏玉米再生水灌溉试验设计同冬小麦，见表2-2。夏玉米品种为新单23，播种时间和收获时间分别是2007年6月14日、9月27日，2007年6月18日出苗，整个生育期共经历了105d。测桶与冬小麦相同，每排使用测桶8个，共使用5排。试验选用的肥料为含N 46.3%的尿素和含P_2O_5 44%及含N 11%的磷酸一铵。试验过程中对夏玉米进行了5次灌溉，灌水日期分别为2007年6月23日、7月22日、8月11日、8月22日、9月4日，为防止各水质中的有害成分对玉米种子的毒害作用而影响出苗，播前水采用清水。试验中各处理施肥量一致，N 300kg/hm^{2}和P_2O_5 225kg/hm^2。肥料分为底肥和追肥两种方式施入，其中底肥N占总施入量的50%，P_2O_5作为底肥一次全部施入，并于2007年8月11日结合灌水进行了施肥（尿素）。

2.3.2　测坑试验设计

2.3.2.1　不同地下水埋深冬小麦再生水灌溉氮素运移试验

试验共设6个处理，考虑因素A为地下水埋深，分A_1（2m）、A_2（3m）、A_3（4m）3个水平；因素B为灌水量，分B_1（900m^3/hm^2）、B_2（1 200m^3/hm^2）2个水平。试验所用中水为新乡市某再生水处理厂二级处理出水。试验设计见表2-3。

表2-3　不同地下水埋深再生水灌溉试验设计

因素	处理					
	A_1B_1	A_1B_2	A_2B_1	A_2B_2	A_3B_1	A_3B_2
地下水埋深A（m）	2	2	3	3	4	4
灌水量B（m^3/hm^2）	900	1 200	900	1 200	900	1 200

测坑试验供试冬小麦品种为新麦18，播种时间和收获时间分别是2006年10月19日和2007年6月5日。灌水前1天、灌水后第1天、第2天、第5天、第10天、第20天用土钻取土，0~200cm土层内分14层钻取土样（0~5cm、

5～10cm、10～15cm、15～20cm、20～30cm、30～40cm、40～60cm、60～80cm、80～100cm、100～120cm、120～140cm、140～160cm、160～180cm、180～200cm），进行土壤水分、土壤硝态氮及铵态氮的测试。土壤吸力通过安装在相应土层的水柱负压计进行观测。通过土壤溶液提取器抽取土壤溶液及地下水水样，土壤溶液提取时间与土钻取土时间保持一致。试验布置见图2-2。

图2-2 再生水灌溉测坑试验布置（冬小麦）

2.3.2.2 不同地下水埋深夏玉米再生水灌溉氮素运移试验

不同地下水埋深夏玉米再生水灌溉试验设计同冬小麦，见表2-3。试验供试夏玉米品种为新单23，播种时间和收获时间分别是2007年6月18日和2007年9月20日。灌水前1天、灌水后第1天、第2天、第5天、第10天、第20天用土钻取土，0～100cm土层内分9层钻取土样（0～5cm、5～10cm、10～15cm、15～20cm、20～30cm、30～40cm、40～60cm、60～80cm、80～100cm），进行土壤水分、土壤硝态氮及铵态氮的测试。土壤吸力通过安装在相应土层的水柱负压计进行观测，并用土壤溶液提取器抽取土壤溶液及地下水水样，土壤溶液提取时间与土钻取土时间保持一致。试验布置见图2-3。

图2-3　再生水灌溉测坑试验布置（夏玉米）

2.4　试验观测内容与方法

2.4.1　测桶试验观测

2.4.1.1　土壤水分观测

土壤水分采用取土烘干法测定。0～40cm土层每10cm采样、40～100cm土层每20cm采样。

2.4.1.2　土壤铵态氮、硝态氮观测

测定土样为鲜样。分别于灌水后当日（24h以内）、第2天、第3天、第5天、第10天取土，取土深度与土壤水分观测相同，同时测定土壤含水量，以后每10d测定1次。

土壤铵态氮采用靛酚蓝比色法（722型光栅分光光度计）测定。用2mol/L KCl溶液浸提土壤，把吸附在土壤胶体上的NH_4^+及水溶性NH_4^+浸提出来。土壤浸出液中的铵态氮在强碱性介质中与次氯酸盐和苯酚作用，生成水溶性染料靛酚蓝，溶液的颜色很稳定。在含氮0.05～0.5mg/L范围内，吸光度与铵态氮含量成正比，用比色法测定。土壤中硝态氮采用硝酸根电极法测定，见图2-4。

图2-4　土壤铵态氮、硝态氮化验分析

2.4.1.3　作物生理指标观测

定期记录作物生长发育状况，每生育阶段1次，若遇到病虫害、倒伏等情况，随时记录。每10d观测1次株高、群体密度、叶面积、地上干物质重量（分蘖、叶、穗），成熟后测产考种。测定植株的株高和叶面积用卷尺，精度为0.1mm。群体密度测定：沿作物生长行方向，取1m长，统计小麦株数，再除以1m行所占的面积，得出单位面积株数。叶面积指数（绿叶面积）测定：取5株小麦，用直尺测量，算出单株叶面积，再除以植株所占的面积。冬小麦成熟收获后测产考种，主要测定项目为：每穗穗长、不孕穗、小穗数和籽粒千粒重。夏玉米成熟收获后测产考种，主要测定项目为：籽粒穗长、穗粒数、百粒重、穗粒重和轴重。冬小麦收获后测定各处理籽粒中总磷、总钾、总氮、铅、镉、铬、砷的含量，其测定方法如表2-4和表2-5所示。生理测试见图2-5。

表2-4　小麦籽粒中氮、磷、钾的测定方法

指标	总氮	总磷	总钾
检测方法	GB/T 14771—1993	GB/T 5009.87—2003	GB/T 5009.91—2003

表2-5　小麦籽粒中重金属元素的测定方法

指标	铅	镉	铬	砷
检测方法	GB/T 5009.12—2003	GB/T 5009.15—2003	GB/T 5009.123—2003	GB/T 5009.11—2003

图2-5　生理指标测试

2.4.1.4　灌溉水质观测

每次灌水前随机取1 000mL水样进行EC、NH_4^+-N、NO_3^--N以及K、Na、Ca、Mg等有关成分的化验分析。水样中NH_4^+-N采用靛酚蓝分光光度法，NO_3^--N采用硝酸根电极法，K和Na采用火焰光度法，Ca和Mg采用EDTA容量法，EC采用电导法。灌溉用水化学成分见表2-6。

表2-6　灌溉用水化学成分

化学成分	中水	稀释中水	再生水	清水
pH值	6.02	6.78	7.56	7.20
EC（S/m）	1.94	1.80	2.06	1.70
NH_4^+（mg/L）	52.80	27.40	46.80	0.42
COD（mg/L）	218.00	112.40	51.80	0.00

2.4.1.5　小麦品质检测

小麦籽粒中各指标测定方法如表2-7、表2-8所示。

表2-7　小麦籽粒中淀粉、粗蛋白质、磷、钾的测定方法

指标	粗蛋白质	淀粉	总磷	钾
检测方法	GB/T 14771—1993	NY/T 11—1985	GB/T 5009.87—2003	GB/T 5009.91—2003

表2-8　小麦籽粒中重金属元素的测定方法

指标	铅	镉	铬	砷	汞
检测方法	GB/T 5009.12—2003	GB/T 5009.15—2003	GB/T 5009.123—2003	GB/T 5009.11—2003	GB/T 5009.17—2003

2.4.2　测坑试验观测

2.4.2.1　土壤含水率及土壤吸力

土壤水分采用土钻取土烘干法及用TRIME测定。一般情况下每间隔10d测定1次土壤水分，降雨后24h后加测土壤水分，见图2-6。

图2-6　土壤水分观测

土壤吸力采用预埋在不同土层的负压计进行观测，一般情况下每天读取负压计读数。日蒸发量较大，土壤水分变化剧烈时，负压计需要补水，负压计补水平衡后方可进行观测，通常在补水24h后即可进行观测，见图2-7。

图2-7 土壤吸力观测

2.4.2.2 土壤硝态氮、铵态氮

测定土样为鲜土样。灌水前1天及灌水后第1天、第2天、第5天、第10天、第20天用土钻取土。钻取鲜土样24h内测定土壤的硝态氮和铵态氮含量。

土壤铵态氮采用靛酚蓝比色法（722型光栅分光光度计）测定。称取20g鲜土样，用2mol/L KCl溶液100mL浸提土壤，把吸附在土壤胶体上的NH_4^+及水溶性NH_4^+浸提出来，土壤浸出液中的铵态氮在强碱性介质中与次氯酸盐和苯酚作用，生成水溶性染料靛酚蓝，溶液的颜色很稳定，在含氮0.05～0.5mg/L范围内，吸光度与铵态氮含量成正比，用比色法测定。

土壤中硝态氮采用硝酸根电极法测定。称取20g鲜土样，加入2%K_2SO_4溶液100mL，振荡0.5h，静置2h，取上清液测定土壤中硝态氮含量。

流动分析仪测定：称取鲜土样10g，加入1mol/L $CaCl_2$溶液50mL，振荡0.5h后，静置1h，取上清液测定土壤中硝态氮及铵态氮含量，见图2-8。

图2-8 土壤铵态氮、硝态氮化验分析（流动分析仪）

2.4.2.3　土壤有机质

分别于灌水前1天及灌水后第1天、第2天、第5天、第10天、第20天，在每个处理测坑钻取鲜土样，然后在自然条件下风干，测定土壤中有机质含量。土壤有机质测定方法为低温外热重铬酸钾氧化-比色法。称取1.000g过0.149mm筛的风干土样，放入50mL普通试管中，加入5mL重铬酸钾溶液和5mL H_2SO_4，摇匀，放入100℃恒温箱中，1.5h后放入冷水浴中，分两次加水至50mL，摇匀停放3h，取上清液闭塞，用1cm光径比色杯在590nm波长测定吸收值。

2.4.2.4　作物生理指标观测

定期记录作物生长发育状况，每生育阶段1次，若遇到病虫害、倒伏等情况，随时记录。每10d观测1次株高、群体密度、叶面积、地上干物质重量（分茎、叶、穗），成熟后测产考种。测定方法同测桶试验。

2.4.2.5　灌溉水质观测项目

每次灌水前随机取1 000mL水样进行pH值、EC、NH_4^+、NO_3^-以及K、Na、Ca、Mg的化验分析。水样中NH_4^+采用靛酚蓝分光光度法，NO_3^-采用硝酸根电极法，K和Na采用火焰光度法，Ca和Mg采用EDTA容量法，EC采用电导法，pH值采用酸度计测定。灌溉用水的主要成分及浓度见表2-9，分析仪器见图2-9。

表2-9　灌溉用水的主要成分及浓度（mg/L）

灌水日期	水质	K	Na	Ca	Mg	pH值	EC	NH_4^+-N	NO_3^--N
2006年10月13日	中水	14.60	768.96	93.00	68.40	7.75	1.98	0.20	25.13
	清水	2.00	179.54	124.20	72.20	7.23	2.53	0.36	19.78
2006年12月20日	中水	14.00	740.81	88.80	49.92	7.68	2.00	0.25	23.18
	清水	1.80	186.66	123.20	73.92	7.25	1.52	0.00	9.00
2007年3月22日	中水	14.00	704.81	64.00	78.24	7.81	1.96	0.08	31.51
	清水	1.20	194.88	92.00	57.60	7.36	1.50	0.00	7.44

（续表）

灌水日期	水质	K	Na	Ca	Mg	pH值	EC	NH_4^+-N	NO_3^--N
2007年4月19日	中水	14.00	854.02	103.20	63.84	7.63	2.03	0.14	25.37
	清水	6.00	147.98	103.20	57.12	7.27	1.26	0.00	10.53
2007年8月14日	中水	16.80	777.67	99.20	72.96	7.73	2.45	0.28	36.28
	清水	2.00	481.50	164.00	123.36	7.38	1.68	0.00	6.45

注：表中EC单位为dS/m。

图2-9　水质分析（原子吸收分光光度计、高效液相色谱仪）

2.4.2.6　土壤溶液观测项目

分别于灌水前1天及灌水后第1天、第2天、第5天、第10天、第20天提取土壤溶液，取其盛放在体积300mL三角瓶中，24h内测定抽取溶液中pH值、EC、硝态氮和铵态氮浓度，见图2-10。

图2-10　土壤溶液提取装置

土壤溶液中硝态氮采用硝酸根电极法测定，土壤溶液中铵态氮采用靛酚蓝比色法测定，土壤溶液pH值采用PHS-1型酸度计测定，土壤溶液EC采用PXJ-1B数字式离子计测定（具体测试方法详见土壤硝态氮、铵态氮测定）。

2.4.2.7　地下水观测项目

灌水前1天及灌水后第1天、第2天、第5天、第10天、第20天提取地下水，并盛放在体积300mL三角瓶中，24h内测定其pH值、EC、硝态氮和铵态氮浓度。地下水中测试项目的测试方法同土壤溶液中测试方法。

2.4.2.8　其他观测项目

通过洪门试验站内自动气象站采集气象数据，通过溢流装置读取降雨及灌水后下渗水量，通过田间法测定田间持水量，环刀法测定土壤容重，比重计法测定土壤质地。

3 再生水灌溉氮素运移及对冬小麦品质影响试验

3.1 土壤氮素循环

3.1.1 土壤系统中的氮循环

　　氮肥在支撑和保障我国粮食安全方面具有无可替代的作用。氮肥施用保障了全球48%人口的食物需求，而中国依靠氮肥养活的人口比例则高达56%。值得注意的是，蔬菜施氮量远超平均水平，氮素损失严重，2009年统计资料显示我国设施菜田的施氮量是全国菜田施氮量平均值的2.4倍以上。影响土壤氮素损失的主要因素包括气态损失、植株收获和深层淋溶损失，氮素在土壤中的循环转化主要包括生物转化和化学转化两种形式，其中氮素的生物转化主要包括同化作用、矿化作用、硝化作用、反硝化作用和氨挥发5种形式。①同化作用是土壤微生物同化无机含氮化合物（NH_4^+、NO_3^-、NH_3、NO_2^-等），并将其转化为自身细胞和组织的过程，如土壤生物体的氨基酸、氨基糖、蛋白质、嘌呤、核糖核酸等有机态氮形态。②矿化作用是土壤有机氮转化为无机氮的过程，复杂含氮有机物在微生物酶的催化作用下分解成简单的氨基化合物，简单氨基化合物在微生物酶的进一步作用下分解成NH_4^+的过程。③硝化作用是土壤中的NH_4^+在微生物酶的作用下转化成NO_3^-的过程。④反硝化作用是土壤中NO_2^-、NO_3^-还原为气态氮（分子态氮和氮氧化合物）的过程，反硝化作用包括微生物反硝化（反硝化作用的主要形式）和化学反硝化（厌氧环境下主要形式）。⑤氨挥发是土壤或植物中的NH_3释放到大气中的过程。

　　氮素的化学转化主要包括NH_4^+的吸附作用和NH_4^+的解吸作用。①NH_4^+

的吸附作用，指土壤溶液中NH_4^+被土壤颗粒表面所吸附固定的过程。②NH_4^+的解吸作用，指土壤颗粒所吸附固定的NH_4^+进入土壤溶液的过程。

氮素循环由两个重叠循环构成，一是大气层的气态氮循环。氮的最大贮库是大气，整个氮循环的通道多与大气直接相连，几乎所有的气态氮对大多数高等植物无效，只有若干种微生物或少数与微生物共生的植物可以固定大气中的氮素，使它转化成为生物圈中的有效氮。另一个是土壤氮的内循环，即在土壤植物系统中，氮在动植物体、微生物体、土壤有机质、土壤矿物中的转化和迁移，包括有机氮的矿化和无机氮的生物固持作用、黏土对铵的固定和释放作用、硝化和反硝化作用、腐殖质形成和腐殖质稳定化作用等，见图3-1。

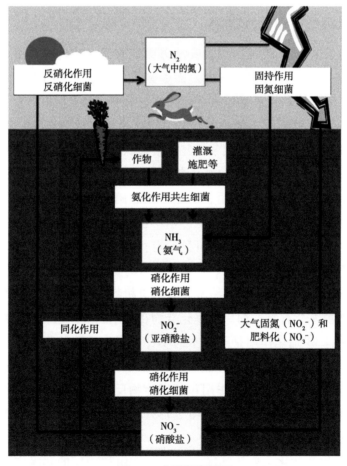

图3-1　土壤氮素循环

3.1.2 土壤中氮的获得和转化

3.1.2.1 土壤中氮的获得

（1）大气中分子氮的生物固定。大气和土壤空气中的分子态氮不能被植物直接吸收、同化，必须经生物固定为有机氮化合物，直接或间接地进入土壤。有固氮作用的微生物可分为非共生（自生）、共生和联合固氮菌三大类。自生固氮菌类主要有两种，一种为好气性的细菌（Azotobater），另一种为嫌气性细菌（Clostridiam），都需要有机质作为能源。另外具有光合作用能力的蓝绿藻也能自生固氮，它们的固氮能力不高。共生固氮菌类包括根瘤菌和一些放线菌、蓝藻等，以和豆科共生为主，固氮能力比自生固氮菌大得多。联合固氮菌类是指某些固氮微生物与植物根系有密切关系，有一定的专一性，但不如共生关系那样严格。微生物驱动着土壤元素生物地球化学过程，而氮素循环是土壤元素生物地球化学循环的关键过程之一，其同化过程、矿化过程、氨化过程、硝化过程、反硝化过程均由微生物参与并驱动。硝化过程决定着氮素的生物有效性，是连接矿化过程与反硝化过程的中间环节，并且与土壤酸化、硝酸盐深层淋失及其引起的水体污染，甚至温室气体氧化亚氮释放及其引起的全球升温等一系列生态环境问题密切相关，见图3-2。硝化作用分为氨氧化过程和亚硝酸盐氧化过程。土壤生态系统中的氨氧化作用主要是由变形菌纲中氨氧化细菌、氨氧化古菌等共同作用，氨氧化古菌和氨氧化细菌在硝化作用中的重要性和相对贡献已成为近几年国际研究热点问题之一。反硝化作用是在多种微生物的参与下，硝酸盐通过四步还原反应，在硝酸盐还原酶（Nitrate reductase）、亚硝酸盐还原酶（Nitrite reductase）、一氧化氮还原酶（Nitric oxide reductase）以及一氧化二氮还原酶（Nitrous oxide reductase）的作用下，最终被还原成氮气，并在中间过程释放强效应的温室气体N_2O。厌氧氨氧化是细菌在厌氧条件下以亚硝酸盐为电子受体将氨氧化为氮气的过程，主要由浮霉状菌目的细菌催化完成。由此可见，土壤氮素转化关键微生物过程与机理的研究正在逐步深入，反硝化作用和氨化作用产生的气态氮损失的动态过程已成为研究热点，此外如果通过土壤微生物定向调控土壤氮素转化过程将是未来研究的重点方向。

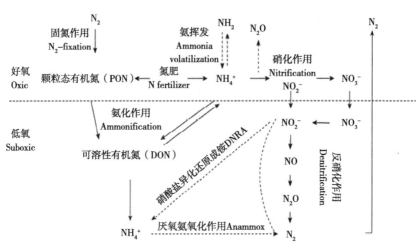

图3-2　微生物参与的氮循环过程示意图

（2）雨水和灌溉水带入的氮。大气层发生的自然雷电现象，可使氮氧化成NO_2及NO等氮氧化物。散发在空气中的气态氮，如烟道排气、含氮有机质燃烧的废气、由铵化物挥发出来的气体等，通过降水的溶解，最后随雨水带入土壤。全球由大气降水进入土壤的氮，据估计为每年每公顷2～22kg，对作物生产来说意义不大。随灌溉水带入土壤的氮主要是硝态氮形态，其数量因地区、季节和降水量而异。

（3）施用有机肥和化学肥料。持续施有机肥料对提高土壤的氮贮量、改善土壤的供氮能力有重要作用，但仅以有机肥料施入土壤，难以满足作物生长的需要。20世纪初氮化肥问世后，氮肥的工业成了现代农业中氮的重要来源，据统计1995年我国氮化肥的年使用量已超过2 200万t，占世界氮肥年使用量的1/4以上，居世界之首。氮化肥用量增加对促进我国农业生产的发展发挥了积极作用，但在氮肥量过高的地区，氮肥利用率低、损失量大，并引起了环境污染问题。

3.1.2.2　土壤中氮的转化

（1）有机氮的矿化。占土壤全氮量95%以上的有机氮，必须经微生物的矿化作用，才能转化为无机氮（NH_4^+和NO_3^-）。矿化过程主要分为两个阶段，第一阶段先把复杂的含氮化合物，如蛋白蛋、核酸、氨基糖及其多聚体等，经过微生物酶的系列作用，逐级分解而形成简单的氨基化合物，称之为氨基化阶段（氨基化作用）。然后在微生物作用下，各种简单的氨基化合物分解成氨，称为氨化阶段（氨化作用），氨化作用可在不同条件（充分通气条件下、嫌气条件下、一般水解作用）下进行。有机氮的矿化是在多种微生物作用下完成的，包括细菌、真菌和放线菌等，它们都以有机质中的碳素作为能源，可以在好气或嫌气条件下进行。在通气良好，温度、湿度和酸碱度适中的砂质土壤上，矿化速率较大，且积累的中间产物有机酸较少；而通气较差的黏质土壤上，矿化速率较小，中间产物有机酸的积累较多。

（2）铵的硝化。有机氮矿化释放的氨，在土壤中转化为铵（NH_4^+）离子，部分被带负电荷的土壤黏粒表面和有机质表面功能基吸附，另一部分被植物直接吸收。最后，土壤中大部分铵离子通过微生物的作用氧化成亚硝酸盐和硝酸盐。

（3）无机态氮的生物固定。矿化作用生成的铵态氮、硝态氮和某些简单的氨基态氮（$-NH_2$），通过微生物和植物的吸收同化，成为生物有机体组成部分，称为无机氮的生物固定（又称生物固持，Immobilization）。形成的新的有机氮化合物，一部分被作为产品从农田中输出，而另一部分和微生物的同化产物一样，再一次经过有机氮氨化和硝化作用，进行新一轮的土壤氮循环。植物和微生物在吸收同化土壤中的NH_4^+-N和NO_3^--N过程中，存在着一定的竞争，但从土壤氮素循环的总体来看，微生物对速效氮的吸收同化，有利于土壤氮素的保存和周转。

（4）铵离子的矿物固定。土壤中产生的另一个无机态氮固氮反应叫铵态氮的矿物固定作用（Ammoninm fixation）。指的是离子直径大小与2∶1型黏粒矿物晶架表面孔穴大小接近的铵离子（NH_4^+），陷入晶架表面的孔穴内，暂时失去了它的生物有效性，转变为固定态铵的过程。这种固定作用在蛭石、半风化的伊利石和蒙脱石黏粒为主的土壤中尤其多见，矿物固定态铵离子的含量与土壤中其他交换性阳离子的种类与含量有关，尤其与钾离子的含量关系密切。土壤的干湿交替、酸碱度等对铵的矿物固定或固定态铵的释放也有直接的影响。

3.1.3 土壤中氮的损失

3.1.3.1 淋洗损失

铵（NH_4^+-N）和硝酸盐（NO_3^-）在水中溶度很大，NH_4^+离子因带正电荷，易被带负电的土壤胶体表面所吸附，硝酸盐（NO_3^-）带负电荷，是最易被淋洗的氮形态。随着渗漏水的增加，硝酸盐的淋失增大。自然条件下，硝态氮的淋失取决于土壤、气候、施肥和栽培管理等条件，在湿润和半湿润地区的土壤的淋洗量较多，半干湿地区较少，而在干湿地区除少数砂质土壤外，几乎没有淋洗。地表覆盖亦与硝酸盐的淋洗有密切的关系，植物生长的旺盛季节，土壤根系密集，吸氮强烈，即使在湿润地区，氮的淋失也较弱。相反，休闲地的氮淋失则较强。

土壤氮还可以随地表径流进入河流、湖泊等水体中，由地表水径流带走的氮除硝酸盐外，还有土壤黏粒表面铵离子和部分的有机氮。通过淋洗或径流进入地下水或河、湖的氮，能引起水体富营养化污染。

3.1.3.2 气体损失

土壤氮可通过两个机制形成气体氮逸出进入大气，它们是反硝化作用和氨挥发。

（1）反硝化作用。反硝化作用是指在嫌氧条件下，硝酸盐（NO_3^-）在反硝化微生物作用下，还原为N_2、N_2O或NO的过程。其实质上是硝化作用的逆过程，其条件需要较严格的土壤嫌气环境。试验表明，随着土壤溶液中的溶解氧浓度减少，反硝化的强度逐渐加强，待氧浓度减少到5%以下时，反硝化强度明显增高。这对矿质土壤而言，只有当其平衡空气中的氧浓度少到0.3%以下时，即溶液中氧浓度下降至4×10^{-6}mol/L以下时，整个土体才有可能被反硝化作用所控制。实际上这种土壤已处于水分饱和的淹水状态，孔隙中几乎已不存在空气。而在一般含水量情况下，即使达到田间持水量，土壤结构内或分散土粒间的小孔隙中已充满水，但其结构间的非毛管孔却仍然充有空气，因此，在这种土壤中硝化作用和反硝化作用往往可以同时并存。但也有例外，有些土壤的排水条件并不恶劣，因为含有大量的易分解有机质，使土壤产生了局部的嫌气环境，也会产生强烈的反硝化作用。所以通过反硝化作用损失的土壤氮取决于土壤中硝酸盐（NO_3^-）的含量、易分解有机质含量、土壤通气、水分状况及温度、酸碱度等因素。

（2）氨挥发。氨挥发易发生在石灰性土壤上，特别表施铵态氮和尿素等化学氮肥时，氨挥发损失可高达施肥氮量的30%以上，这是因为土壤中的氨（NH_3）和铵（NH_4^+）存在下列平衡。

反应形成的NH_4^+离子易溶于水，易被土壤吸附，而NH_3分子易挥发。这个反应平衡取决于土壤的pH值，若土壤pH值接近或低于6时，NH_3被质子化几乎全部以NH_4^+形态存在。在pH值=7时，NH_3约占6%，pH值为9.2~9.3时，则NH_3和NH_4^+约各占一半。氨的挥发还与土壤性质和施用化肥种类有关，石灰性土壤上施用硫酸铵时，形成溶度低的硫酸钙并释放出较多的氨，故比施用氯化铵和硝酸铵的氨挥发损失要大得多。土壤黏粒和腐殖质能吸附NH_4^+离子，阻止氨的挥发，在阳离子交换量低的砂质土上施铵态氮，其氨的挥发损失比黏质土大。改化学氮肥表施为深施、粉施为粒施，都可减少氨的挥发损失。

脲酶能催化尿素生成氨、二氧化碳和水。脲酶的水解反应如下：

$$(NH_2)_2CO \xrightarrow{脲酶+H_2O} NH_3+NH_2COOH \xrightarrow{脲酶+H_2O} 2NH_3\uparrow+CO_2$$

土壤中的含氮化合物还可能通过纯化学反应形成气态氮而损失。化学脱氮反应为：

$$NH_4NO_2 \rightarrow 2H_2O+N_2\uparrow$$

这个反应的条件是铵态氮和亚硝态氮同时大量并存于土壤溶液中，生成亚硝铵（NH_4NO_2），产生双分解作用。这种作用有自动催化能力，随着反应的进行，其分解速度加快。但这一反应需要较酸的条件（pH值5.0~6.5）、较高温度和较干的土壤环境，一般认为在正常土壤中很少发生。另一个反应是：

$$3HNO_3 \rightarrow HNO_3+2NO\uparrow+H_2O$$

在酸性土壤中，HNO_2不稳定，会产生自动分解作用，土壤pH值越低，分解越快。但由此产生的一氧化氮（NO），大部分仍可能被土壤吸收或在土壤中再氧化成NO_2，最后再溶解于水，形成硝酸盐。

3.2 污灌后土层中氮素动态变化

3.2.1 污灌后土壤中铵态氮的动态变化

图3-3至图3-6表明了不同处理NH_4^+-N在一个灌水周期的动态，7月21日对夏玉米进行了灌溉，7月22日、7月23日、7月26日、7月31日、8月10日，分别为灌后第1天、第2天、第5天、第10天、第20天。从图3-3至图3-6中可以看出，土壤中NH_4^+-N的变化在前两天主要受灌溉的影响，中水、稀释中水和再生水灌溉处理，灌水后土壤中NH_4^+-N的含量增加，在前两天表层土壤的铵态氮一直处于较高的状态。一般在灌后第5天降到灌水前的对照水平。

由于清水中铵态氮的含量极低，所以清水灌溉前后土壤剖面中NH_4^+-N的含量基本没有变化，表层也没有出现铵态氮的积累，但是灌水后土壤剖面中的铵态氮还是有所上升，主要原因是土壤变湿时改变了土壤氮素的矿化速率和铵态氮的硝化速率。灌水后初期，较大的土壤湿度在抑制铵态氮的硝化作用的同时却给土壤氮素的矿化提供了有利条件，矿化速率此时可能显著大于铵态氮的硝化速率，造成铵态氮的短时积累。

中水、稀释中水和再生水灌溉20d后，NH_4^+-N主要分布在土壤的上表层0~20cm，尤其在0~10cm土层中观测到的NH_4^+-N含量较高，在20cm以下的土壤里NH_4^+-N的含量明显减少，比上层土壤NH_4^+-N含量一般小数倍或小一个数量级，且各处理10~100cm土层中NH_4^+-N的含量一般都在1mg/kg以下，这是由于NH_4^+-N带正电荷容易被土壤胶体吸附，其灌溉水样中NH_4^+-N很难随水流往下运移的缘故。这表明铵态氮溶质在随水分进入土壤的最初阶段，同时受到溶质运移的对流和弥散机制而迁移，但很快溶质的扩散机制成了铵态氮运移的主要原因，而对流机制失去了作用，因此铵态氮只能在土壤的表层聚集，很难运移到下层土壤。

中水、稀释中水和再生水灌溉其表层土壤中NH_4^+-N的含量都在灌溉后第2天达到高峰，一方面由于中水中含有较多的铵态氮，中水灌溉后土壤吸附了中水中的铵态氮；另一方面由于灌溉后引起土壤含水量的突然上升，土壤含水量的提高将加速微生物对有机质的分解，此时，较大的土壤湿度不仅抑制了铵态氮的硝化，同时也给土壤氮素的矿化和硝态氮的反硝化提供了有利条件，有机氮经矿化作用产生NH_4^+-N，矿化速率此时可能显著大于铵态氮的硝化速率造成铵态氮的短时积累。随后，由于作物吸收和硝化作用，土壤中的NH_4^+-N含量逐渐变小，各种水质处理在灌溉后第5天土层中NH_4^+-N已达到灌前水平。当土壤水分因消耗吸收变得相对干燥后，铵态氮在土壤剖面内的运移基本停止，此时土壤剖面中铵态氮的变化微弱，铵态氮的硝化作用也因缺少水分变得缓慢，出现灌水5d后铵态氮在土壤剖面运移分布相对缓慢稳定的一个阶段。

中水、稀释中水和再生水3种水质处理中，高灌水定额的处理在0～10cm土层NH_4^+-N的峰值要大于低灌水定额的处理，中水高灌水定额、稀释中水高灌水定额、再生水高灌水定额的峰值分别为7.01mg/kg、3.07mg/kg、2.43mg/kg；中水低灌水定额、稀释中水低灌水定额、再生水低灌水定额的峰值分别为6.51mg/kg、3.04mg/kg、1.82mg/kg，说明土壤中NH_4^+-N易被土壤吸附，移动性小，不易随水流失，但易发生硝化作用变成硝态氮随水流失，因此氮素在土壤中的运动主要是硝态氮的运移。

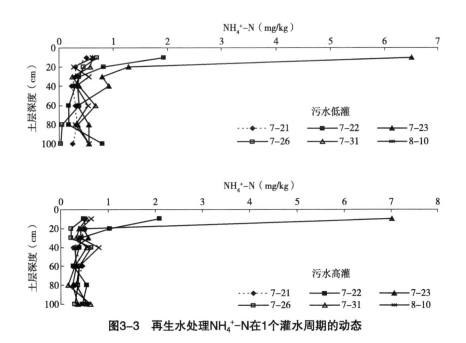

图3-3 再生水处理NH_4^+-N在1个灌水周期的动态

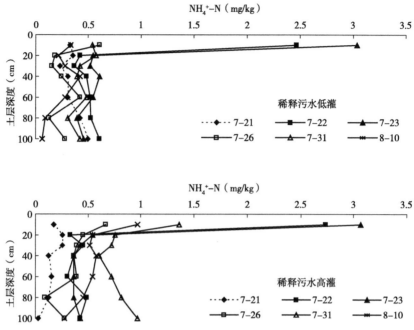

图3-4　稀释再生水处理NH$_4^+$-N在1个灌水周期的动态

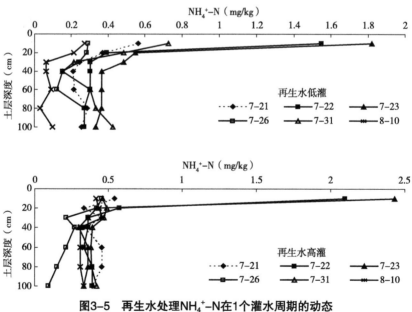

图3-5　再生水处理NH$_4^+$-N在1个灌水周期的动态

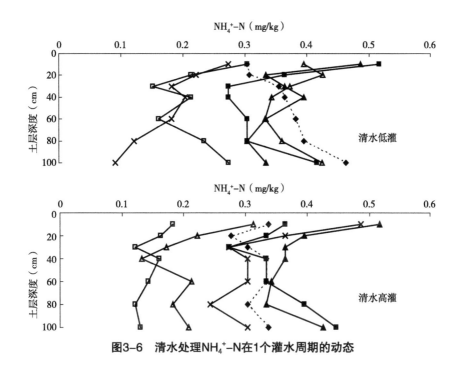

图3-6 清水处理NH$_4^+$-N在1个灌水周期的动态

3.2.2 污灌后土壤中硝态氮的动态变化

图3-7表明了不同处理硝态氮在一个灌水周期的动态,7月21日对夏玉米进行了灌溉,图3-7中7月22日、7月23日、7月26日、7月31日、8月10日,分别为灌溉后第1天、第2天、第5天、第10天、第20天。从图3-7中可以看出,不同处理土壤中硝态氮沿剖面的变化趋势一致,从表层到底层硝态氮逐渐增加。硝态氮在土柱的60~100cm土层中的含量占土柱中硝态氮总量的比例相当高,从7月21日到8月10日中水低灌水定额、稀释中水低灌水定额、再生水低灌水定额、清水低灌水定额、中水高灌水定额、稀释中水高灌水定额、再生水高灌水定额、清水高灌水定额8个处理,60~100cm土层硝态氮的量占整个土柱硝态氮总量的比例分别为47.61%~73.89%、52.47%~74.27%、53.38%~76.32%、56.39%~81.90%、53.43%~72.76%、53.49%~85.45%、55.32%~80.33%、65.79%~82.71%。

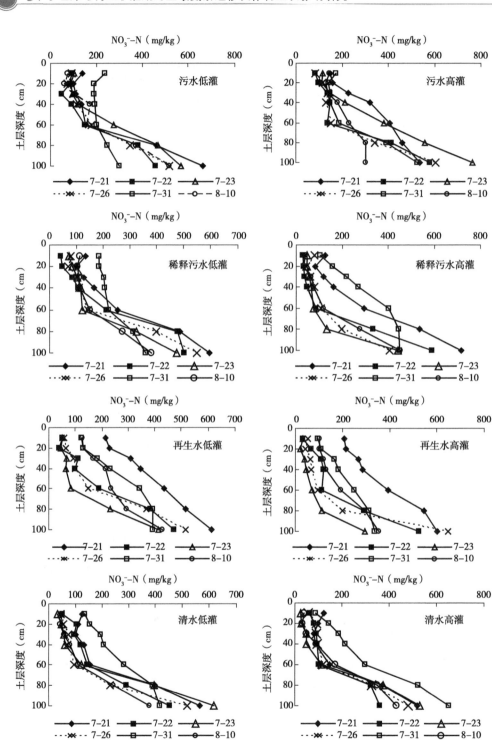

图3-7 不同处理NO₃⁻-N在1个灌水周期的动态

3.3 土壤中氮素随作物生育期的变化

3.3.1 土壤中铵态氮随作物生育期的动态变化

土壤中铵态氮随作物生育期的动态变化如图3-8至图3-11所示。当水质相同时，灌水后表层土壤（0～40cm土层）中铵态氮的峰值是高灌水定额大于低灌水定额；当灌水定额相同时，灌水后表层土壤中铵态氮的峰值变化情况为：中水>稀释中水>再生水>清水。在夏玉米生长期间0～20cm土壤中铵态氮只在施肥和灌水后短期内保持较高浓度，其他时期基本保持在1mg/kg以下。除8月10日结合灌水进行施肥，土壤剖面20～40cm土层铵态氮含量较高外，其他时间土壤剖面20～100cm层次的铵态氮也保持在1mg/kg以下。铵态氮的这种变化规律说明土壤的硝化能力很强，在一般情况下，土壤中不会累积铵态氮，铵态氮的水平不能反映土壤的有效氮肥力高低。

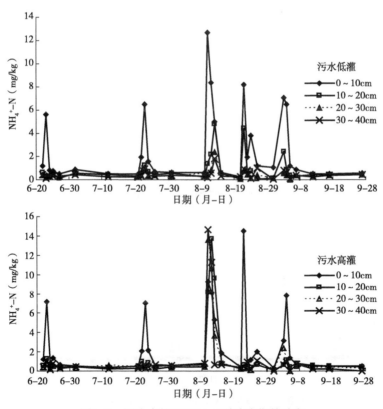

图3-8 再生水处理NH_4^+-N随生育期的动态

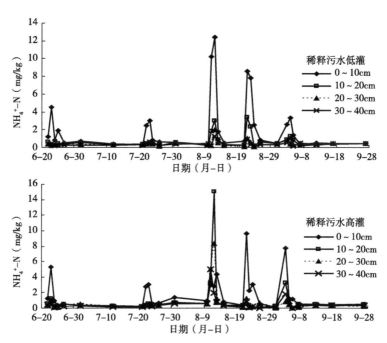

图3-9 稀释再生水处理NH_4^+-N随生育期的动态

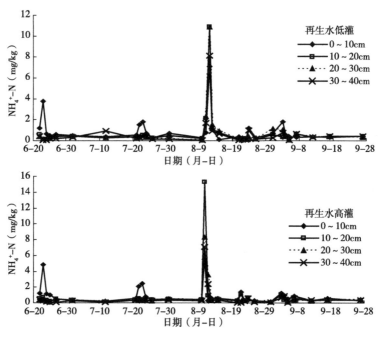

图3-10 再生水处理NH_4^+-N随生育期的动态

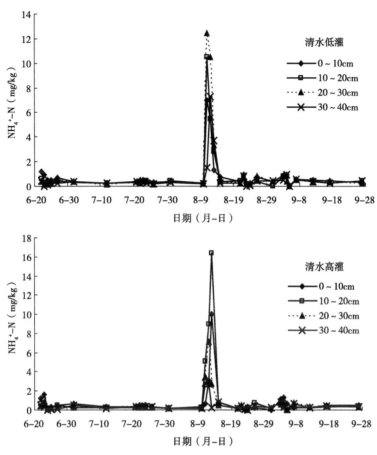

图3-11 清水处理NH₄⁺-N随生育期的动态

3.3.2 土壤中硝态氮随作物生育期的动态变化

不同处理土壤中硝态氮随生育期的变化趋势如图3-12至图3-15所示。5月27日为冬小麦收割时土壤中硝态氮的含量，9月27日为夏玉米收割时土壤中硝态氮的含量。在整个生育期硝态氮在土壤中的变化规律为，沿着土壤剖面呈逐渐增加的趋势。5月27日到6月23日土壤中硝态氮出现了增加，这是由于种植夏玉米时施入了大量的尿素和磷酸一铵作为底肥，之后，土壤中硝态氮的变化主要受到灌溉和施肥的影响。

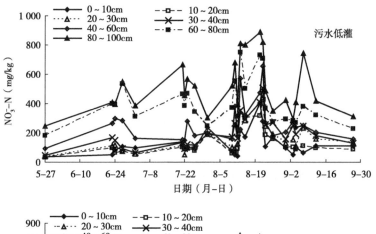

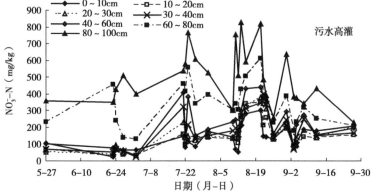

图3-12 再生水处理NO₃⁻-N随生育期的动态

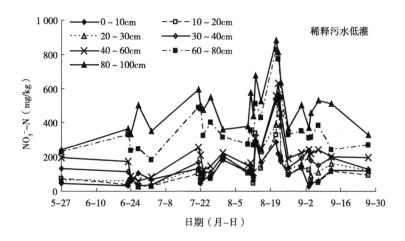

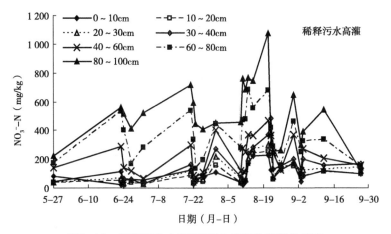

图3-13 稀释再生水处理NO$_3^-$-N随生育期的动态

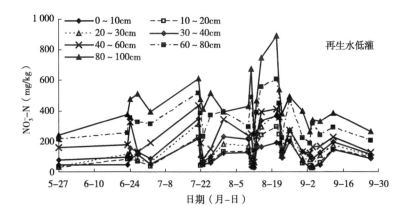

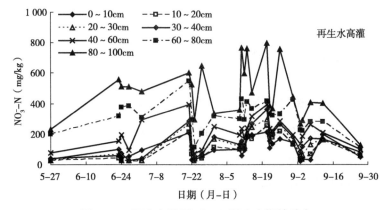

图3-14 再生水处理NO$_3^-$-N随生育期的动态

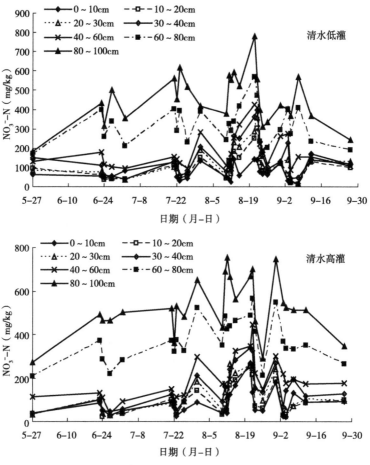

图3-15 清水处理NO$_3^-$-N随生育期的动态

3.4 再生水灌溉对小麦籽粒品质的影响

3.4.1 再生水灌溉对小麦籽粒中淀粉、蛋白质的影响

小麦品质既受遗传控制也受环境影响，在影响小麦品质的诸环境因子中，以氮肥和水分对品质的影响最大，其次是气候和土壤条件，磷、钾营养及微量元素等因素也有一定影响。不同处理冬小麦籽粒中淀粉、粗蛋白质的试验结果见表3-1。

表3-1　不同处理对小麦籽粒品质的影响

不同灌水定额（m³/hm²）	品质因子	处理			
		对照	再生水	稀释中水	中水
灌水定额900	淀粉	52.38	51.20	51.17	52.43
	粗蛋白质	17.24	17.29	17.47	17.58
灌水定额1 200	淀粉	52.99	52.73	52.76	53.59
	粗蛋白质	17.08	17.1	17.19	17.54

由表3-1可知，灌水定额高的处理，籽粒中淀粉的含量显著大于灌水定额低的处理。经方差分析，水质和灌水量对淀粉的影响均达显著水平。当灌水定额相同时，各处理小麦籽粒中粗蛋白质的含量为中水>稀释中水>再生水>清水，且中水中粗蛋白质的含量要明显高于其他水质处理，这是由于中水为生活再生水，其中氮素含量较高的缘故，同时也表明，水中含氮量在一定范围内时，灌溉水中氮的含量越高，粗蛋白质的含量越高。从表3-1还可以看出，当同一水质灌水定额不同时，灌水定额大的处理，籽粒中粗蛋白质的含量要低于灌水定额小的处理，而籽粒中淀粉的含量却是灌水定额大的处理要高于灌水定额小的处理。这是因为增加灌水对蛋白质有一定的稀释效应，这可能是增加水分促进了淀粉的合成与积累，籽粒中淀粉含量增加，蛋白质积累相对降低，增加施肥量可使这种稀释效应得以缓冲，由于中水中含有丰富的氮素，两种不同灌水定额，中水处理的小麦籽粒中粗蛋白质的含量相差无几，而稀释中水和再生水中氮素含量不如中水中丰富，所以小麦籽粒中粗蛋白质含量高灌水定额水处理要显著低于相应低灌水定额水处理。

3.4.2　再生水灌溉对产量的影响

不同处理再生水灌溉对冬小麦产量的影响分析结果见表3-2。

表3-2　不同处理再生水灌溉对冬小麦产量的影响

处理	产量（kg/hm²）			
	对照	再生水	稀释中水	中水
灌水定额900m³/hm²	5 250.03	5 310.51	5 752.50	5 917.51
灌水定额1 200m³/hm²	5 647.50	5 767.50	5 932.55	6 337.50

由表3-2知，低灌水定额时，中水、稀释中水和再生水处理与对照相比分别增产12.71%，9.57%和1.14%；高灌水定额时，中水、稀释中水和再生水处理与对照相比分别增产12.22%，5.05%和2.12%。这表明中水、稀释中水和再生水灌溉都有提高产量的趋势，但中水灌溉产量增加要比稀释中水和再生水灌溉显著。结合表3-1、表3-2，当灌水定额相同时，小麦籽粒产量和蛋白质含量之间呈正相关关系，低灌水定额时相关系数为0.98，高灌水定额时相关系数为0.93。这是由于中水、稀释中水和再生水中氮素的含量都比清水丰富，这表明，施氮量对小麦品质具有重要的影响。在一定限度内增施氮肥，促进了植株氮素的积累，而且由于氮素营养条件的改善，增强了植株的光合能力，从而促进了籽粒的灌浆增重，表现为籽粒产量与蛋白质含量同步增加。不同灌水定额相比，高灌水定额水处理籽粒产量要大于相应低灌水定额水处理，表明在一定的灌水定额范围内，产量均随水分增多而增加。此外，当灌水定额增加时，随灌溉水而进入土壤中的养分增多，作物可吸收更多的养分，也有利于产量的提高。

3.4.3 再生水灌溉对小麦氮、磷、钾吸收的影响

再生水灌溉能增加籽粒养分的积累量，不同处理冬小麦籽粒养分分析结果见表3-3。从表3-3可以看出，再生水灌溉处理的小麦籽粒氮、磷、钾吸收量均比对照提高，其中低灌水定额处理小麦籽粒中氮、磷、钾含量分别提高1.8%、7.5%、2.5%；高灌水定额处理小麦籽粒中氮、磷、钾含量分别提高2.9%、20.0%、7.3%；低灌水定额稀释中水的处理小麦籽粒中氮、磷含量分别提高1.4%、22.5%；高灌水定额稀释中水的处理小麦籽粒中氮、磷含量分别提高0.7%、25.0%。两种灌水定额处理都没有提高钾的吸收，氮的吸收量也比中水灌溉低，但是却明显地提高了磷的吸收。再生水高灌水定额灌溉与对照相比，作物对氮、磷的吸收略有提高；低灌水定额灌溉略提高了作物对氮的吸收，却降低了对磷、钾的吸收，说明低浓度的中水有利于作物对磷的吸收，而高浓度的中水有利于作物对氮、钾的吸收。由表3-3还可知，当灌水定额相同时，中水灌溉处理籽粒中钾的含量相对较高，钾能够提高氨基酸向籽粒转移的速度和籽粒中氨基酸再转化为蛋白质的速度，所以，籽粒中钾含量的高低对粗蛋白质的含量也有一定的影响。对增加蛋白质含量的作用

不及氮肥显著和稳定。

表3-3　不同处理对冬小麦籽粒中N、P、K含量的影响

处理		对照	再生水	稀释中水	中水
灌水定额900m³/hm²	全氮（%）	2.76	2.77	2.80	2.81
	全磷（%）	0.40	0.39	0.49	0.43
	全钾（%）	0.40	0.38	0.40	0.41
灌水定额1 200m³/hm²	全氮（%）	2.73	2.74	2.75	2.81
	全磷（%）	0.40	0.41	0.50	0.48
	全钾（%）	0.41	0.41	0.41	0.44

3.4.4　再生水灌溉对小麦籽粒中重金属含量的影响

采用单因子污染指数法和多因子评价法，评价重金属元素对作物有效性的污染程度，不同处理分析结果见表3-4。

表3-4　冬小麦籽粒中重金属元素污染指数

处理	单项污染指数（P_i）					综合污染指数（P）
	Cd	As	Cr	Pb	Hg	
中水900m³/hm²	0.590	0.044	0.032	—	0.046	0.095
中水450m³/hm²+清水450m³/hm²	0.620	0.033	0.027	—	0.05	0.104
再生水900m³/hm²	0.520	0.033	—	—	0.041	0.093
清水900m³/hm²	0.530	0.046	0.048	—	0.042	0.077
中水1 200m³/hm²	0.480	0.063	0.038	—	0.052	0.064
中水600m³/hm²+清水600m³/hm²	0.480	0.036	0.018	—	0.050	0.063
再生水1 200m³/hm²	0.530	0.036	0.086	—	0.050	0.078
清水1 200m³/hm²	0.440	0.044	0.031	—	0.046	0.053

注："-"表示不含此种元素。

中水中各种污染物质进入土壤后，与土壤固相、液相、气相物质之间发生一系列物理、化学、物理化学和生物化学反应，在土壤中进行迁移、转化与累积，其中中水中重金属类是主要污染物之一。由表3-4可知，当灌水定额相同时，各水质与清水相比其综合污染指数稍有提高，不同处理的小麦籽粒中砷、铅、镉、汞等毒性大的金属含量差异较小。其含量与国家粮食卫生标准（GB 2715—2005）相比，砷、铅、铬的含量远小于国家规定标准（砷≤0.1mg/kg、铅≤0.2mg/kg、铬≤1.0mg/kg），而镉和汞的含量远大于国家规定标准（镉≤0.1mg/kg、汞≤0.02mg/kg）。以清水与再生水的平均数为对照，中水、稀释中水的数据为样本，经T测验，在两种灌水定额下与对照均无显著差异［镉：$T_{900}=5.33<12.7$（$T_{0.05}$），$T_{1\,200}=1.01<12.7$（$T_{0.05}$）；汞：$T_{900}=3.00<12.7$（$T_{0.05}$），$T_{1\,200}=2.99<12.7$（$T_{0.05}$）］，说明镉和汞的含量较高不是由于水质的原因，可能是土壤和环境的因素造成的。植物体中重金属的含量主要受土壤pH值、温度、有机质含量、氧化还原电位、阳离子交换容量（CEC）、矿物成分和类型以及灌溉量和灌溉时间等因素制约，而且重金属元素可以通过小麦的根、茎、叶吸收，使籽粒中有害金属增加。

3.5　本章结论

本章探讨了不同水质中水灌溉对土壤中氮素运移及对作物品质的影响，试验结果如下。

（1）土壤中NH_4^+-N主要分布在土壤的上表层0～20cm，尤其是在0～10cm土层中观测到的NH_4^+-N含量较高，在20cm以下的土层NH_4^+-N的含量明显减少，比上层土壤NH_4^+-N含量一般小数倍或小1个数量级。中水、稀释中水和再生水3种水质处理中，高灌水定额处理，0～10cm土层中NH_4^+-N的峰值要大于低灌水定额的处理。

（2）各处理间土壤中硝态氮沿剖面变化趋势一致，即从表层到底层硝态氮逐渐增加，这说明硝态氮有明显向下淋洗的趋势。

（3）整个生育期，当水质相同时，灌水后表层土壤（0～40cm土层）中铵态氮的峰值是高灌水定额大于低灌水定额，当灌水定额相同时，灌水后表层土壤中铵态氮的峰值变化情况为：中水>稀释中水>再生水>清水。整个生育期，硝态氮沿着土壤剖面呈逐渐增加的趋势。

（4）当水质相同时，灌水定额高的处理，籽粒中淀粉的含量显著大于灌水定额低的处理，籽粒中粗蛋白质的含量刚好相反，灌水定额高的处理要低于灌水定额低的处理；当灌水定额相同时，各处理小麦籽粒中粗蛋白质的含量为中水>稀释中水>再生水>清水，中水中粗蛋白质的含量要明显高于其他水质处理。

（5）高灌水定额时，中水、稀释中水和再生水处理与对照相比分别增产12.22%、5.05%和2.12%；低灌水定额时，中水、稀释中水和再生水处理与对照相比分别增产12.71%、9.57%和1.14%，可见，中水、稀释中水和再生水处理有利于产量的提高。

（6）中水灌溉处理的小麦籽粒中，氮、磷、钾吸收量均比对照提高。

（7）当灌水定额相同时，各水质处理与清水对照相比，其综合污染指数稍有提高。不同处理的小麦籽粒中重金属含量差异较小。

4 不同地下水埋深冬小麦再生水灌溉氮素运移田间试验

4.1 全生育期内土壤水分变化

大量的试验研究表明，决定氮素迁移转化的影响因素主要为土壤氮素水平和土壤水分。在研究氮素迁移转化规律之前，有必要对再生水灌溉不同地下水埋深土壤水分运移规律进行初步研究。

在田间试验中，土壤水分的状况采用重力法测定（取土烘干法）。根据各个小区的实测资料，绘制各处理的水分变化曲线，见图4-1至图4-6。全生育期土壤水分状况变化主要受灌水、降雨、植株蒸腾及棵间蒸发等因素的影响。在无外界水分输入情况下，主要受植株蒸腾及棵间蒸发因素的影响，表层土壤水分状况均呈明显的下降趋势。地下水埋深较浅条件下（地下水埋深为2m、3m），由于土壤水与地下水的双向交换作用，下层土壤水分状况变化较为平缓，尤其是地下水埋深2m条件下基本维持饱和含水率。补充灌溉及降雨后表层土壤水分急剧增加，随着灌水及降水时间的推移，土壤水分在水分输入与土壤蒸发的双重作用下，土壤水分峰值在表层土壤间切换。

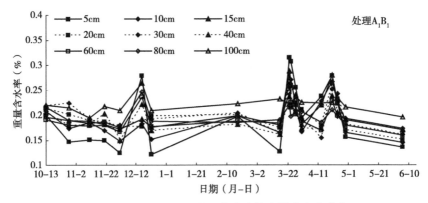

图4-1　处理A_1B_1不同土层全生育期土壤含水率变化

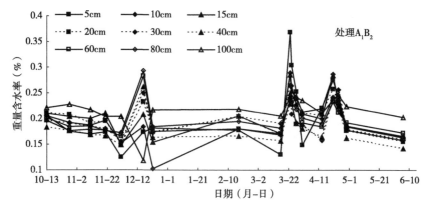

图4-2 处理A₁B₂不同土层全生育期土壤含水率变化

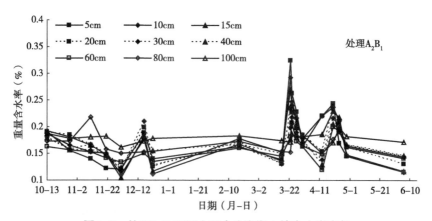

图4-3 处理A₂B₁不同土层全生育期土壤含水率变化

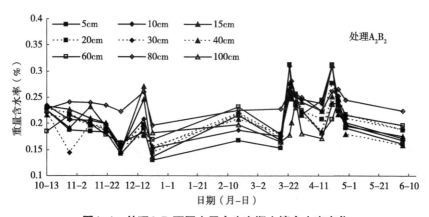

图4-4 处理A₂B₂不同土层全生育期土壤含水率变化

地下水埋深与再生水灌溉对土壤氮素运移及作物生长影响研究

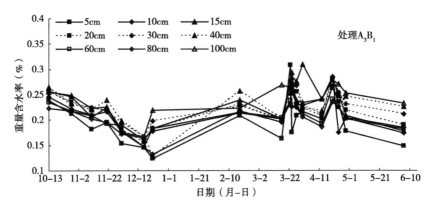

图4-5　处理A_3B_1不同土层全生育期土壤含水率变化

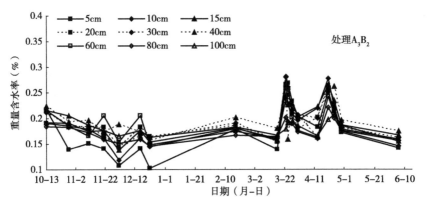

图4-6　处理A_3B_2不同土层全生育期土壤含水率变化

4.2　土壤氮素的迁移转化

4.2.1　灌水后土壤中氮的迁移转化

4.2.1.1　土壤中NO_3^--N的迁移转化

灌水定额B_1、B_2，不同地下水埋深0~200cm土层土壤NO_3^-及土壤含水率在灌水前后的变化情况见图4-7至图4-9和表4-1、表4-2。灌前各土层中NO_3^-含量维持在3~10mg/kg，灌后10d各土层中NO_3^-的含量均显著增加。灌水定额B_1，不同地下水埋深同一土层灌水后NO_3^-含量平均增加了11.65mg/kg、24.57mg/kg、25.07mg/kg；灌水定额B_2，不同地下水埋深同一土层灌水后

·74·

NO₃⁻含量平均增加了18.88mg/kg、42.57mg/kg、48.84mg/kg。相同地下水埋深对比分析表明，灌水定额越高，0～200cm土层土壤NO₃⁻-N增加越多；相同灌水定额对比分析表明，地下水埋深越深，0～200cm土层土壤NO₃⁻-N增加越多。

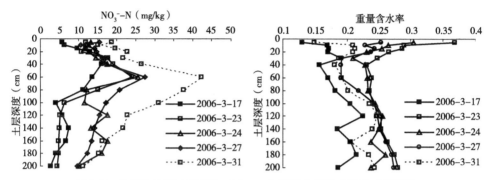

图4-7　处理A₁B₂灌水前后0～200cm土层硝态氮及土壤含水率变化

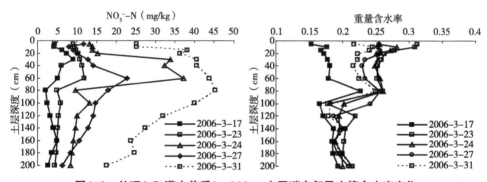

图4-8　处理A₂B₂灌水前后0～200cm土层硝态氮及土壤含水率变化

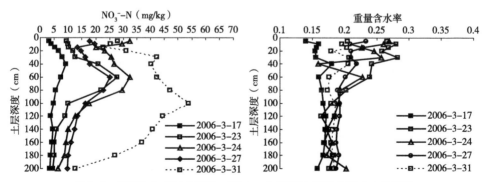

图4-9　处理A₃B₂灌水前后0～200cm土层硝态氮及土壤含水率变化

表4-1   灌水前后各处理0～200cm土层NO₃⁻-N含量平均值（mg/kg）

处理	灌前	灌水后1d	灌水后2d	灌水后5d	灌水后10d
A_1B_1	4.90d	5.10c	4.68e	12.54b	16.55a
A_2B_1	5.27d	4.79e	7.23c	14.08b	29.84a
A_3B_1	7.78d	6.84e	9.41c	21.61b	32.85a

注：表中小写字母相同表示在0.05水平上差异显著性。

表4-2   灌水前后各处理0～200cm土层NO₃⁻-N含量平均值（mg/kg）

处理	灌前	灌水后1d	灌水后2d	灌水后5d	灌水后10d
A_1B_2	9.10c	4.94e	7.28d	18.64b	27.99a
A_2B_2	4.61d	3.48e	9.19c	11.49b	47.18a
A_3B_2	5.08e	5.83d	9.55c	12.38b	53.92a

注：表中小写字母相同表示在0.05水平上差异显著性。

4.2.1.2   土壤中NH_4^+-N的迁移转化

不同处理灌水前后土壤中NH_4^+-N含量随土层深度分布见图4-10至图4-12。灌水后1d，灌溉水中NH_4^+-N大部分被土壤吸附，少量的NH_4^+离子可通过大孔隙向下渗漏，土壤中NH_4^+-N含量迅速增大；灌水后2d，由于土壤的交替吸附及硝化作用等因素，土壤的NH_4^+-N含量迅速下降；灌水后5d，土壤中NH_4^+-N基本转化完；灌水后10d，土壤中NH_4^+-N含量基本维持在灌前水平。总体来说，不同地下水埋深再生水灌溉对土壤中NH_4^+-N含量影响并不明显。

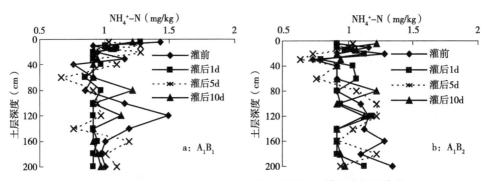

图4-10   潜水埋深2m不同灌水定额灌水前后土壤铵态氮的变化

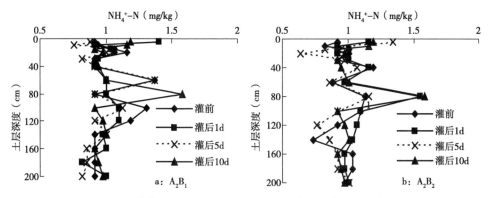

图4-11   潜水埋深3m不同灌水定额灌水前后土壤铵态氮的变化

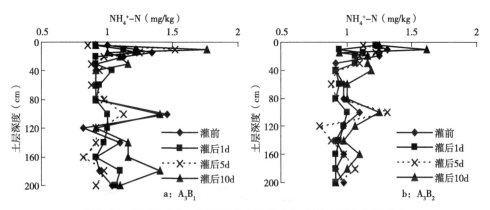

图4-12   潜水埋深4m不同灌水定额灌水前后土壤铵态氮的变化

4.2.2   土壤中氮随作物生育期的变化

4.2.2.1   土壤中NO_3^--N的变化

不同处理土壤中NO_3^-随生育期的变化趋势如图4-13至图4-18所示。2006年10月23日为冬小麦种前本底值，2007年6月6日为冬小麦收获后本底值。冬小麦全生育期内土壤中NO_3^-呈递减趋势。10月23—28日土壤中硝态氮出现巨幅增加，这与冬小麦种植前一次性大量施入氮肥密切相关，冬小麦全生育期内土壤中NO_3^-含量（3月23—31日、4月13—20日）的小幅波动主要受到降雨和灌水的影响。

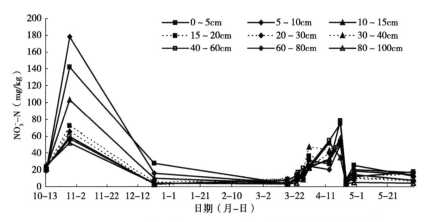

图4-13 处理A_1B_1全生育期0~100cm土层土壤硝态氮的动态变化

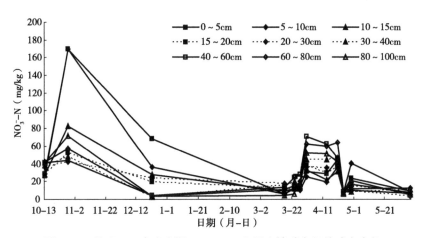

图4-14 处理A_1B_2全生育期0~100cm土层土壤硝态氮的动态变化

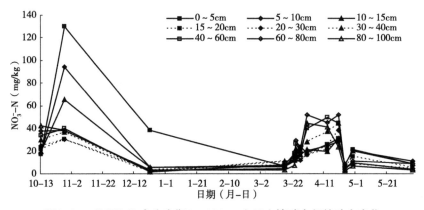

图4-15 处理A_2B_1全生育期0~100cm土层土壤硝态氮的动态变化

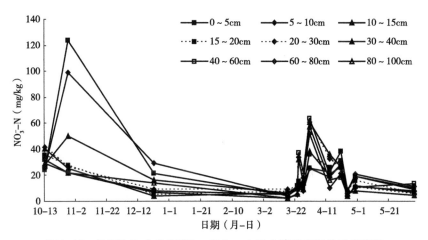

图4-16 处理A₂B₂全生育期0～100cm土层土壤硝态氮的动态变化

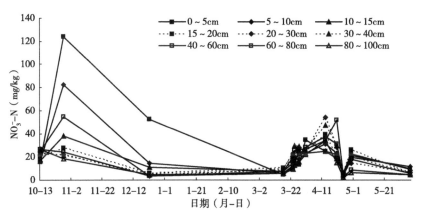

图4-17 处理A₃B₁全生育期0～100cm土层土壤硝态氮的动态变化

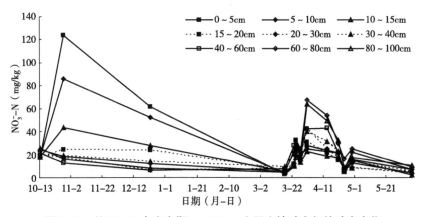

图4-18 处理A₃B₂全生育期0～100cm土层土壤硝态氮的动态变化

4.2.2.2 土壤中NH_4^+-N的变化

不同处理土壤中NH_4^+随生育期的变化趋势如图4-19至图4-24所示。2006年10月23日为冬小麦种前本底值，2007年6月6日为冬小麦收获后本底值。冬小麦全生育期内土壤中NH_4^+变化趋势并不明显。10月23—28日土壤中NH_4^+出现巨幅增加，这与冬小麦种植前一次性大量施入氮肥密切相关，冬小麦全生育期内土壤中NH_4^+含量（3月23—31日、4月13—20日）的小幅波动主要与降雨和灌水有关。灌水后，土壤0～20cm土层短期内保持较高浓度，其他时间基本保持在2mg/kg以下，全生育期NH_4^+的动态变化表明，土壤的硝化能力很强，一般情况下，土壤中不会因灌水和降雨累积NH_4^+。

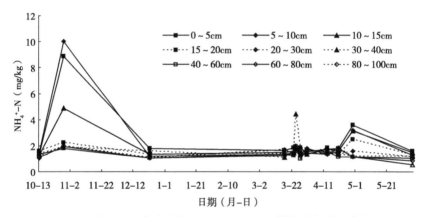

图4-19　处理A_1B_1全生育期0～100cm土层土壤铵态氮的动态变化

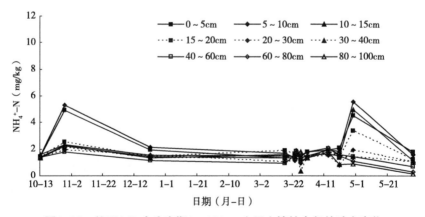

图4-20　处理A_1B_2全生育期0～100cm土层土壤铵态氮的动态变化

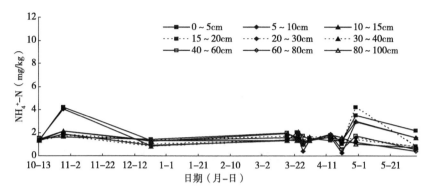

图4-21 处理A$_2$B$_1$全生育期0~100cm土层土壤铵态氮的动态变化

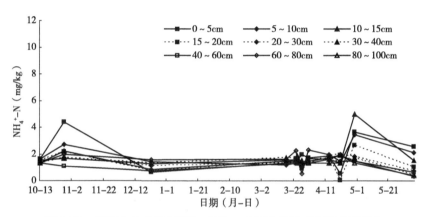

图4-22 处理A$_2$B$_2$全生育期0~100cm土层土壤铵态氮的动态变化

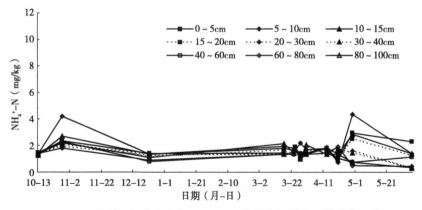

图4-23 处理A$_3$B$_1$全生育期0~100cm土层土壤铵态氮的动态变化

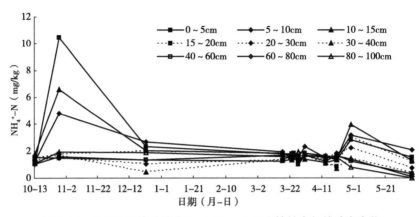

图4-24　处理A_3B_2全生育期0~100cm土层土壤铵态氮的动态变化

收获后土壤中NH_4^+的含量较种植前土壤中NH_4^+的含量有所降低，6个处理0~100cm土层土壤中NH_4^+平均含量分别下降24.49%、50.83%、40.43%、43.04%、38.20%、55.31%。相同地下水埋深不同灌水定额条件下，灌水定额越高土壤NH_4^+的含量下降越大。相同灌水定额，高灌水定额，地下水埋深3m，土壤NH_4^+的减少量最小；低灌水定额，地下水埋深3m条件下，土壤NH_4^+的减少量最大。

4.3　土壤溶液及地下水中氮素的迁移转化

灌水前后，不同地下水埋深土壤溶液及地下水中NO_3^--N浓度随土层深度分布见图4-25。灌水10d后，6种处理地下水中NO_3^--N浓度分别增加了5.50mg/L、53.92mg/L、17.84mg/L、21.61mg/L、11.64mg/L、17.87mg/L。相同地下水埋深，灌水定额越高，土壤溶液及地下水中NO_3^--N浓度增加越多，反之亦然。灌水定额B_1，不同地下水埋深条件下地下水NO_3^--N分别增加了21.15%、15.49%、4.92%。灌水定额B_2，不同地下水埋深条件下地下水NO_3^--N分别增加46.81%、15.48%、10.07%，见表4-3。这表明，相同灌水定额，地下水埋深越深，地下水中NO_3^--N的浓度增加越小；地下水埋深越浅，地下水中NO_3^--N的浓度增加越大，也就是说，地下水埋深越浅，由于淋溶和硝化作用产生的NO_3^--N造成浅层地下水污染的风险越大。

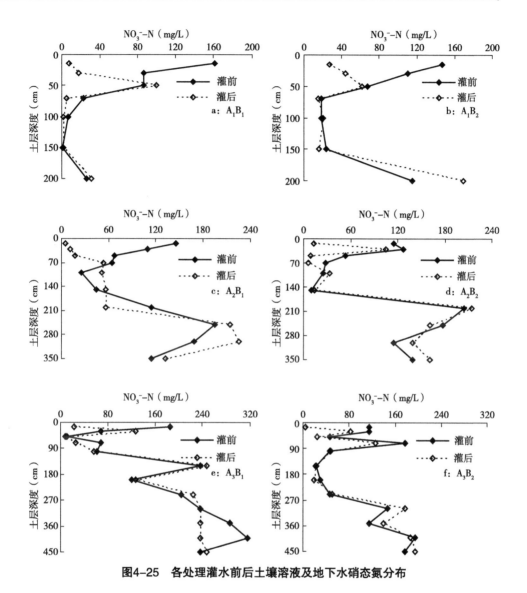

图4-25　各处理灌水前后土壤溶液及地下水硝态氮分布

表4-3　灌水前后不同处理地下水硝态氮含量

处理	A₁B₁		A₂B₁		A₃B₁	
地下水（mg/L）	3.17	3.31	3.17	3.31	3.17	3.31
	26.01b	31.51a	115.18b	133.02a	236.63b	248.27a

（续表）

处理	A_1B_2		A_2B_2		A_3B_2	
	3.17	3.31	3.17	3.31	3.17	3.31
地下水（mg/L）	115.18b	169.1a	139.56b	161.17a	177.42b	195.29a

注：表中小写字母相同表示在0.05水平上差异显著性。

4.4 本章结论

本章探讨了不同地下水埋深条件下冬小麦再生水灌溉氮素运移的机理，试验结果如下。

（1）补充灌溉及降雨后表层土壤水分急剧增加，随着灌水及降水时间的推移，土壤水分峰值在表层土壤间切换。

（2）中水灌溉后10d，与灌水前相比，各土层中硝态氮的含量均显著增加，低灌水定额处理，不同地下水埋深同一土层NO_3^-含量平均增加了11.65mg/kg、24.57mg/kg、25.07mg/kg；高灌水定额处理，不同地下水埋深同一土层NO_3^-含量平均增加了18.88mg/kg、42.57mg/kg、48.84mg/kg。可见，相同地下水埋深，灌水定额越高，0～200cm土层土壤中NO_3^--N增加越多；相同灌水定额，地下水埋深越深，0～200cm土层土壤中NO_3^--N增加越多。其原因是硝态氮的淋溶主要受灌水量、地下水埋深、土壤含水量及土壤中残留的硝态氮等因素的制约。地下水埋深较浅（<5m），土壤水和地下水有双向交换作用，地下水埋深的不同，势必影响到氮素在土壤—地下水系统中的运移。灌水后，灌溉水中NO_3^--N随水运移到各个土层，各土层中硝态氮的含量均显著增加；地下水埋深较浅，100～200cm土壤含水量一直保持较高水平，土水势能较高，不利于灌溉水向较深土层运移，也减少硝态氮向下层土壤淋洗；反之，地下水埋深较深，虽然土壤水与地下水由毛管力作用存在双向交换，但不足以影响100～200cm土层土壤含水量，0～200cm土层土水势梯度较大，有利于土壤水向下层运移，土壤水中NO_3^--N随土壤水运移到土壤下层，增加了硝态氮向下层土壤的淋洗。因此，相同灌水水平，地下水埋深较大条件下有利于硝态氮向下层土壤迁移；相同地下水埋深条件下，灌水水平较高，硝态氮向土壤下层淋溶风险较高。

（3）不同地下水埋深处理中水灌溉对土壤中NH_4^+-N含量影响并不明显。

（4）冬小麦全生育期内土壤中NO_3^--N呈递减趋势，但土壤中NH_4^+-N变化趋势并不明显。

（5）相同地下水埋深，灌水定额越高，地下水中NO_3^--N浓度增加越多；相同灌水定额，地下水埋深越浅，由于淋溶和硝化作用产生的NO_3^--N造成浅层地下水污染的风险越大。

5 不同地下水埋深夏玉米再生水灌溉氮素运移田间试验

5.1 全生育期内土壤水分变化

  根据各个小区的实测资料,绘制各处理的水分变化曲线,见图5-1至图5-6。由图5-1至图5-6可知,不同地下水埋深条件下,夏玉米再生水灌溉全生育期内土壤水分变化趋势与冬小麦再生水灌溉情况类似,即地下水埋深较浅条件下(地下水埋深为2m、3m),下层土壤水分状况变化较为平缓,补充灌水及降雨后表层土壤水分急剧增加,随着灌水时间的推移,土壤水分峰值在表层土壤间变换。

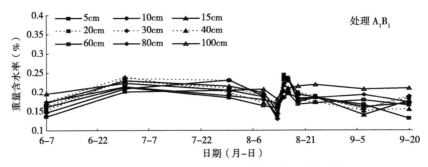

图5-1 处理A₁B₁不同土层全生育期土壤含水率变化

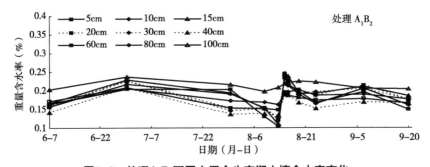

图5-2 处理A₁B₂不同土层全生育期土壤含水率变化

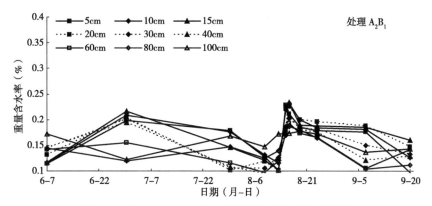

图5-3 处理A₂B₁不同土层全生育期土壤含水率变化

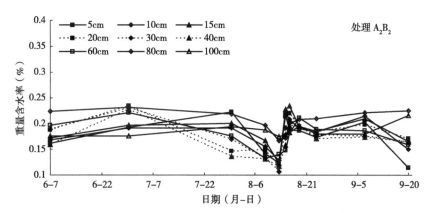

图5-4 处理A₂B₂不同土层全生育期土壤含水率变化

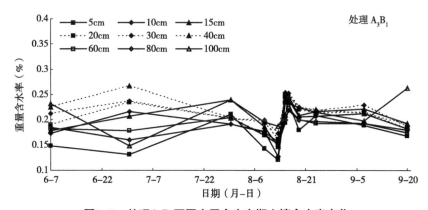

图5-5 处理A₃B₁不同土层全生育期土壤含水率变化

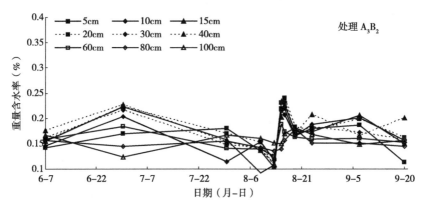

图5-6　处理A_3B_2不同土层全生育期土壤含水率变化

5.2　土壤氮素的迁移转化

5.2.1　灌水后土壤中氮的迁移转化

5.2.1.1　土壤中NO_3^--N的迁移转化

各处理灌水前后0~100cm土层中土壤NO_3^--N含量及土壤含水率变化见图5-7至图5-12。由图5-7至图5-12可知，灌前各土层中NO_3^--N含量维持在20mg/kg以下，灌后10d，0~200cm土层中NO_3^--N的平均含量较灌水前均显著增加。再生水灌溉10d后，灌水定额B_1，不同地下水埋深0~200cm土层土壤NO_3^--N平均含量较灌水前增加36.82%、70.73%、110.64%；灌水定额B_2，不同地下水埋深0~200cm土层土壤NO_3^--N平均含量较灌水前增加71.61%、91.50%、147.43%，见表5-1。灌水后10d，地下水埋深4m，高灌水定额0~200cm土层土壤NO_3^--N增加量较低灌水定额差异显著；地下水埋深2m、3m，两种灌水定额土壤NO_3^--N增加量差异并不明显，但高灌水定额土壤NO_3^--N增加量较低灌水定额多，分别为1.13%、8.71%、61.86%。由以上对比分析可知，不同地下水埋深条件下，夏玉米再生水灌溉土壤氮素的迁移规律与冬小麦再生水灌溉情况相类似，即相同灌水定额，地下水埋深越深，0~200cm土层土壤NO_3^--N增加越多；相同地下水埋深，灌水定额越高，0~200cm土层土壤NO_3^--N增加越多。

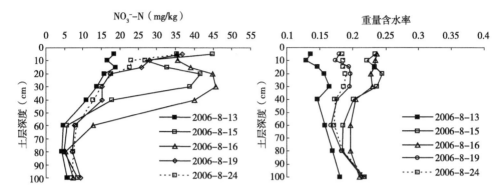

图5-7　处理A₁B₁灌水前后0～200cm土层硝态氮及土壤含水率变化

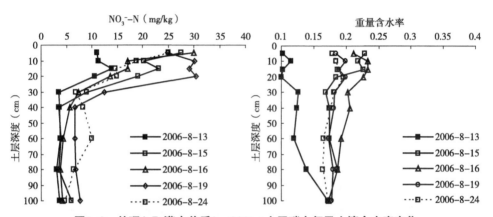

图5-8　处理A₂B₁灌水前后0～200cm土层硝态氮及土壤含水率变化

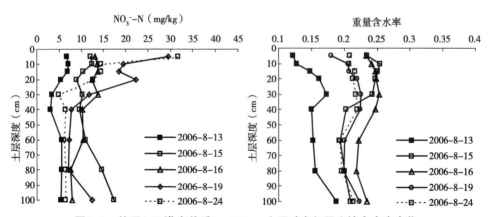

图5-9　处理A₃B₁灌水前后0～200cm土层硝态氮及土壤含水率变化

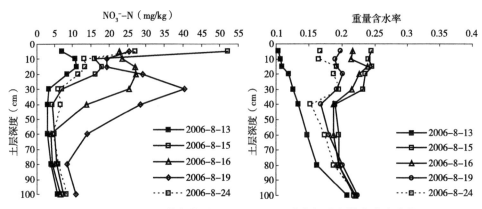

图5-10　处理A_1B_2灌水前后0～200cm土层硝态氮及土壤含水率变化

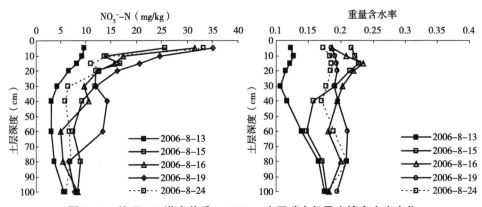

图5-11　处理A_2B_2灌水前后0～200cm土层硝态氮及土壤含水率变化

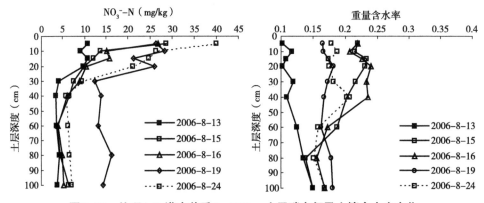

图5-12　处理A_3B_2灌水前后0～200cm土层硝态氮及土壤含水率变化

表5-1　灌水前后各处理0~200cm土层NO_3^--N含量平均值（mg/kg）

	处理								
	A_1B_1			A_2B_1			A_3B_1		
	灌前	灌后10d	增加量	灌前	灌后10d	增加量	灌前	灌后10d	增加量
平均	12.06b	16.50a	4.44a	7.14b	12.19a	5.05a	5.45b	11.48a	6.03b
	A_1B_2			A_2B_2			A_3B_2		
	灌前	灌后10d	增加量	灌前	灌后10d	增加量	灌前	灌后10d	增加量
平均	6.27b	10.76a	4.49a	6.00b	11.49a	5.49a	6.62b	16.38a	9.76a

注：表中小写字母表示在0.05水平上差异显著性。

5.2.1.2　土壤中NH_4^+-N的迁移转化

不同处理灌水前后土壤中NH_4^+-N含量随土层深度分布见图5-13至图5-15。由图5-13至图5-15可知，不同地下水埋深条件下，夏玉米再生水灌溉土壤中NH_4^+-N的迁移规律与冬小麦再生水灌溉情况相类似，即灌水后，土壤中NH_4^+-N含量迅速增大；灌水后2d，土壤的NH_4^+-N含量迅速下降；灌水后5d，土壤中NH_4^+-N基本转化完；灌水后10d，土壤中NH_4^+-N含量基本维持在灌前水平。总体来说，地下水埋深处理对土壤中NH_4^+-N含量影响并不明显。

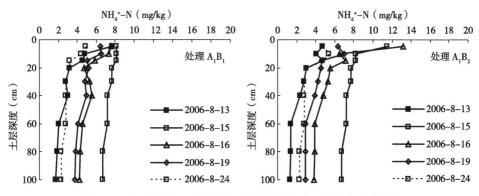

图5-13　潜水埋深2m不同灌水定额灌水前后土壤铵态氮的变化

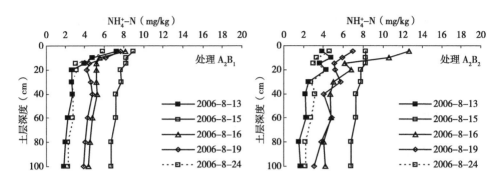

图5-14　潜水埋深3m不同灌水定额灌水前后土壤铵态氮的变化

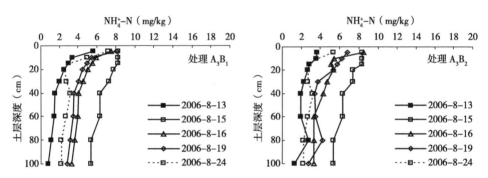

图5-15　潜水埋深4m不同灌水定额灌水前后土壤铵态氮的变化

5.2.2　土壤中氮随作物生育期的变化

5.2.2.1　土壤中NO_3^--N的变化

不同处理土壤中NO_3^-含量随生育期的变化趋势如图5-16至图5-21所示。图5-16至图5-21中2007年6月6日为夏玉米种前本底值，2007年9月21日为夏玉米收获后本底值。夏玉米全生育内土壤中NO_3^-的含量呈递减趋势。8月13—24日土壤中NO_3^-出现巨幅波动，这与8月14日灌水有密切关系。

收获后土壤中NO_3^-的含量较种植前土壤中NO_3^-的含量有所降低，6个处理0～200cm土层土壤中NO_3^-平均含量分别减少56.91%、47.01%、60.21%、43.43%、55.38%、48.77%。

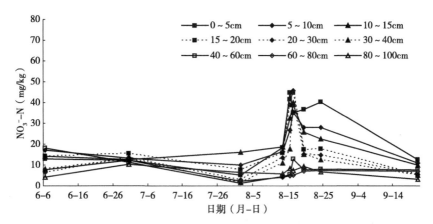

图5-16 处理A₁B₁全生育期0~200cm土层土壤硝态氮的动态变化

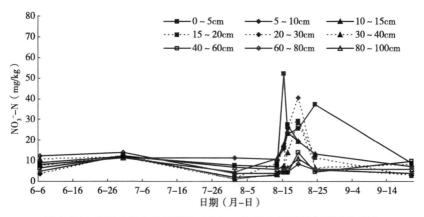

图5-17 处理A₁B₂全生育期0~200cm土层土壤硝态氮的动态变化

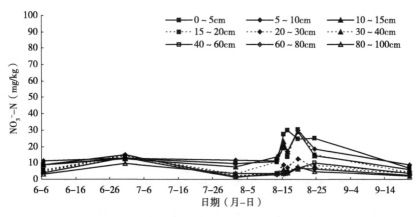

图5-18 处理A₂B₁全生育期0~200cm土层土壤硝态氮的动态变化

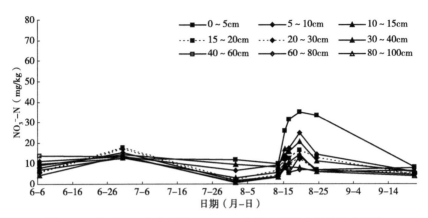

图5-19 处理A₂B₂全生育期0~200cm土层土壤硝态氮的动态变化

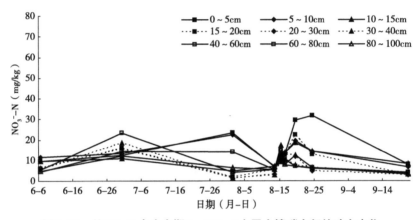

图5-20 处理A₃B₁全生育期0~200cm土层土壤硝态氮的动态变化

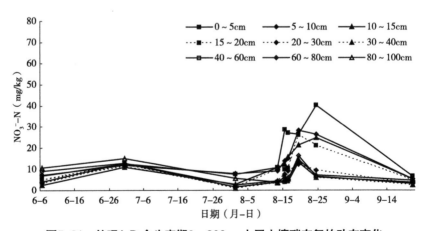

图5-21 处理A₃B₂全生育期0~200cm土层土壤硝态氮的动态变化

5.2.2.2　土壤中NH₄⁺-N的变化

不同处理土壤中NH_4^+随生育期的变化趋势如图5-22至图5-27所示。图5-22至图5-27中2007年6月6日为夏玉米种前本底值，2007年9月21日为夏玉米收获后本底值。夏玉米全生育内土壤中NH_4^+变化趋势并不明显。8月13—24日土壤中NH_4^+出现急剧增加，这与8月14日灌水有密切相关，灌溉水中NH_4^+浓度为5mg/kg，由于土壤对NH_4^+的吸附是土壤中NH_4^+增加的直接原因。灌水后，土壤0~20cm土层NH_4^+短期内保持较高浓度，其他时间基本保持在5mg/kg以下，全生育期NH_4^+的动态变化表明，土壤的硝化能力很强，一般情况下，土壤中不会因灌水和降雨累积NH_4^+。

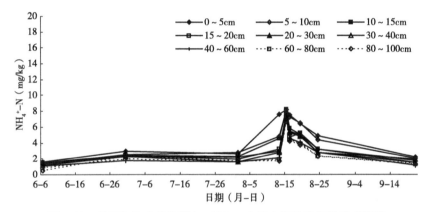

图5-22　处理A₁B₁全生育期0~200cm土层土壤铵态氮的动态变化

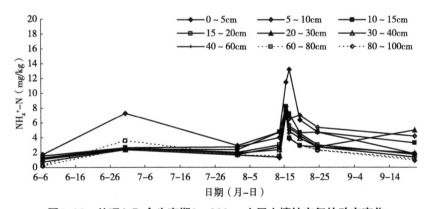

图5-23　处理A₁B₂全生育期0~200cm土层土壤铵态氮的动态变化

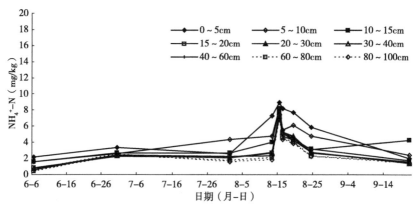

图5-24 处理A₂B₁全生育期0~200cm土层土壤铵态氮的动态变化

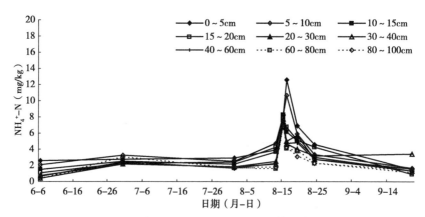

图5-25 处理A₂B₂全生育期0~200cm土层土壤铵态氮的动态变化

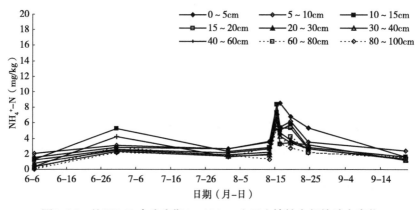

图5-26 处理A₃B₁全生育期0~200cm土层土壤铵态氮的动态变化

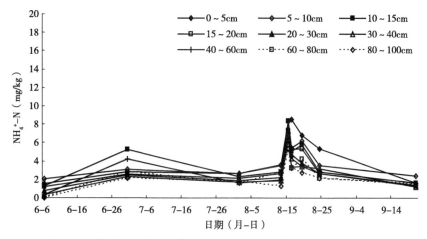

图5-27　处理A₃B₂全生育期0～200cm土层土壤铵态氮的动态变化

　　收获后土壤中NH₄⁺的含量较种植前土壤中NH₄⁺的含量有所降低，不同处理0～200cm土层土壤中NH₄⁺平均含量分别下降46.27%、82.76%、64.22%、65.18%、44.97%、71.13%。相同地下水埋深条件下，灌水定额越高土壤NH₄⁺的含量下降越大。相同灌水定额，高灌水定额，地下水埋深3m条件下，土壤NH₄⁺的减少量最小；低灌水定额，地下水埋深3m条件下，土壤NH₄⁺的减少量最大。

5.3　土壤溶液及地下水中氮素的迁移转化

　　灌水前后，不同地下水埋深土壤溶液及地下水中NO⁻₃-N浓度随土层深度分布见图5-28至图5-30。灌水定额B₁，地下水埋深2m、3m、4m，地下水中NO⁻₃-N浓度较灌水前均显著增加，分别增加11.71mg/kg、15.82mg/kg、15.16mg/kg，增加了34.67%、24.94%、20.89%；灌水定额B₂，地下水埋深2m、3m、4m，地下水中NO⁻₃-N浓度较灌水前差异显著，分别增加33.88mg/kg、30.37mg/kg、25.29mg/kg，增加了58.42%、38.98%、27.2%，见表5-2。不同地下水埋深夏玉米再生水灌溉土壤溶液及地下水中氮素的迁移规律同冬小麦再生水灌溉试验处理。即相同灌水定额，地下水埋深越深，地下水中NO⁻₃-N的浓度增加越小，地下水埋深越浅，由于淋溶和硝化作用产生的NO⁻₃-N造成浅层地下水污染的风险越大。

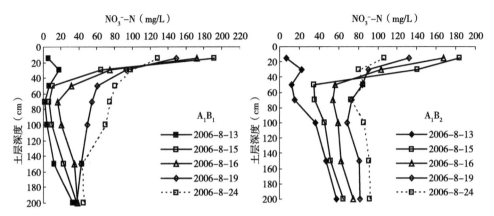

图5-28　潜水埋深2m不同灌水定额土壤溶液及地下水硝态氮垂向分布

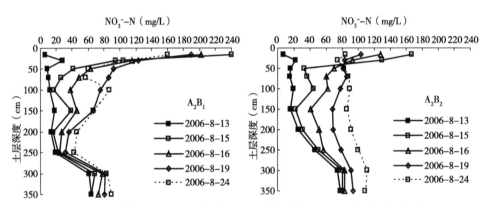

图5-29　潜水埋深3m不同灌水水平土壤溶液及地下水硝态氮垂向分布

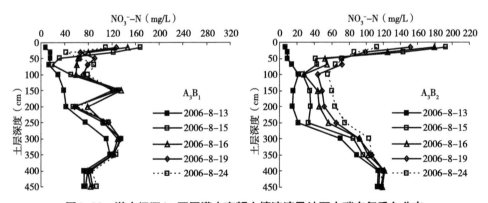

图5-30　潜水埋深4m不同灌水定额土壤溶液及地下水硝态氮垂向分布

表5-2 灌水前后不同处理地下水NO$_3^-$-N浓度

	处理								
	A$_1$B$_1$			A$_2$B$_1$			A$_3$B$_1$		
地下水NO$_3^-$-N （mg/L）	灌前	灌后	增加量	灌前	灌后	增加量	灌前	灌后	增加量
	33.78b	45.49a	11.71b	63.42b	79.24a	15.82b	72.56b	87.72a	15.16b
	A$_1$B$_2$			A$_2$B$_2$			A$_3$B$_2$		
地下水NO$_3^-$-N （mg/L）	灌前	灌后	增加量	灌前	灌后	增加量	灌前	灌后	增加量
	57.99b	91.87a	33.88a	77.91b	108.28a	30.37a	92.97b	118.26a	25.29a

注：表中小写字母表示在0.05水平上差异显著性。

5.4 本章结论

本章探讨了不同地下水埋深夏玉米再生水灌溉氮素运移的机理，试验结果如下。

（1）补充灌水及降雨后表层土壤水分急剧增加，且随着灌水时间的推移，土壤水分峰值在表层土壤间变换。

（2）相同灌水定额，地下水埋深越深，0~200cm土层土壤中NO$_3^-$-N增加越多；相同地下水埋深，灌水定额越高，0~200cm土层土壤中NO$_3^-$-N增加越多。

（3）不同地下水埋深处理对土壤中NH$_4^+$-N含量影响不明显。

（4）夏玉米全生育期内土壤中NO$_3^-$-N的含量呈递减趋势，但土壤中NH$_4^+$-N变化趋势并不明显。

（5）相同地下水埋深，灌水后10d，低灌水定额处理，地下水中NO$_3^-$-N浓度较灌水前分别增加了34.67%、24.94%、20.89%；高灌水定额处理，灌水后10d，地下水中NO$_3^-$-N浓度较灌水前分别增加了58.42%、38.98%、27.2%。可见，相同地下水埋深，灌水定额越高，地下水中NO$_3^-$-N浓度增加越多；相同灌水定额，地下水埋深越浅，由于淋溶和硝化作用产生的NO$_3^-$-N造成浅层地下水污染的风险越大。

6 不同地下水埋深再生水灌溉对作物生理指标影响研究

6.1 不同地下水埋深再生水灌溉对冬小麦生理指标影响

6.1.1 冬小麦试验概况

冬小麦播种前（2006年10月13日）施底肥（复合肥750kg/hm²、尿素225kg/hm²）。试验冬小麦品种为新麦18，播种密度为180kg/hm²，行距为20cm，2006年10月19日播种，2007年6月5日收获。试验测坑土壤质地为粉壤土，土壤理化性状如表6-1所示，冬小麦全生育期降雨资料如表6-2所示。灌水日期及再生水和清水水质成分如表6-3所示，由表6-3可知灌溉所用再生水各指标符合中国农田灌溉用水标准，且再生水中的N、P、K、Na元素含量都远远大于清水，Ca、Mg离子含量相近，这就使再生水灌溉为冬小麦生长提供了更多的营养元素。

表6-1 试验测坑土壤理化性状

土层 （cm）	黏粒 （%）	粉粒 （%）	砂粒 （%）	容重 （g/cm³）	NO_3^--N （mg/kg）	NH_4^+-N （mg/kg）	质地
0～20	17.35	54.77	27.88	1.44	29.43	0.72	粉壤土
20～40	16.72	58.29	24.99	1.47	27.57	0.36	粉壤土
40～60	16.37	57.06	26.57	1.40	30.62	0.25	粉壤土
60～80	16.60	53.18	30.22	1.42	33.02	0.18	粉壤土
80～100	15.52	62.44	22.04	1.49	36.40	0.00	粉壤土
100～120	16.04	58.37	25.59	1.51	35.09	0.04	粉壤土

（续表）

土层 （cm）	黏粒 （%）	粉粒 （%）	砂粒 （%）	容重 （g/cm³）	NO_3^--N （mg/kg）	NH_4^+-N （mg/kg）	质地
120~160	15.40	56.05	28.55	1.52	38.65	0.00	粉壤土
160~200	15.23	61.30	23.47	1.53	37.32	0.00	粉壤土

表6-2 冬小麦全生育期降雨资料

日期（月-日）	10-20	11-5	1-18	4-3	4-11	4-21	5-9	5-11	5-21	5-25
降水量（mm）	5.0	5.2	20.5	6.8	11.5	6.8	7.2	6.9	19.4	7.6

表6-3 冬小麦灌水日期及水质成分

	EC （dS/m）	NO_3^--N （mg/L）	NH_4^+-N （mg/L）	P （mg/L）	K^+ （mg/L）	Na^+ （mg/L）	Ca^{2+} （mg/L）	Mg^{2+} （mg/L）
再生水 （2005-10-13）	1.98	25.13	0.20	2.70	16.8	777.67	99.20	72.96
清水 （2005-10-13）	1.68	6.45	0.00	0.03	2.0	481.50	164.0	61.36
再生水 （2005-12-30）	2.00	23.18	0.25	3.20	14.0	740.81	88.80	49.20
清水 （2005-12-30）	1.52	9.00	0.00	0.02	1.8	186.66	123.20	73.92
再生水 （2006-3-22）	1.96	31.51	0.08	2.30	14.0	854.02	103.20	63.84
清水 （2006-3-22）	1.26	10.53	0.00	0.02	2.0	147.98	103.20	57.12
再生水 （2006-4-19）	2.03	25.37	0.14	3.50	14.0	704.81	64.00	78.24
清水 （2006-4-19）	1.50	8.30	0.00	0.01	1.2	194.88	92.00	57.60

6.1.2 对株高的影响

不同地下水埋深冬小麦株高随时间变化如图6-1、图6-2所示。灌水量相同时，不同地下水埋深株高变化顺序为：2m>3m>4m（图6-1）；

相同地下水埋深条件下，低灌水定额处理的株高大于高灌水定额处理（图6-2）。低灌水定额水量时各处理之间冬小麦株高的差异达到极显著水平（$P=0.01$）；高灌水定额水量时，地下水埋深2m、3m和4m处理间株高差异达显著水平（$P=0.05$）。地下水埋深相同时不同灌水量处理株高间的差异不显著。表明不同地下水埋深对冬小麦株高的影响较大，即地下水埋深越浅，冬小麦植株生长越高，反之亦然。

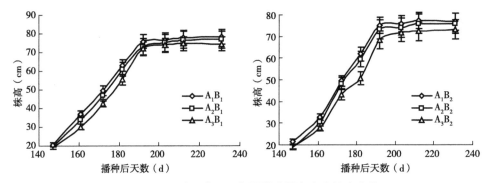

图6-1　不同地下水埋深相同灌水量冬小麦株高变化

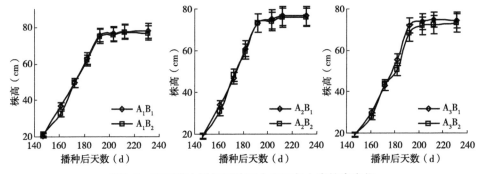

图6-2　不同灌水量相同地下水埋深冬小麦株高变化

6.1.3　对叶面积指数的影响

冬小麦叶面积指数（LAI）采用量测法，公式如下：

$$LAI = D \times A$$

式中：LAI为作物群体的叶面积指数；D为群体密度（株/m^2）；A为单株叶面积（cm^2）。

$$D = \left(\frac{1}{n} \sum_{i=1}^{n} \left(S_i / L_i \right) \right) / P$$

式中：n为样段数；L_i为每个样段的长度（cm）；S_i为长度为L_i的样段小麦株数（株）；P为行间距（cm）。

$$A = \frac{1}{n} \times \sum_{i=1}^{n} \left[\sum_{j=1}^{m} \left(L_{ij} \times W_{ij} \times K \right) \right]$$

式中：n为所取植株样本的个数；m为每个植株的叶片数；$K=0.7$，为长宽之积的折算系数；L_{ij}为第i株第j片叶的长度（cm）；W_{ij}为第i株第j片叶的宽度（cm）。

冬小麦的叶面积指数随时间变化如图6-3所示。从图6-3中可以看出，各处理叶面积指数都表现出在播种后140d到播种后170d为快速增长阶段，到172d时达到最大值，以后逐渐递减。对比不同地下水埋深各处理可以看出，相同灌水量条件下，叶面积指数大小顺序为：地下水埋深2m>3m>4m，这是由于地下水埋深越小，在毛管吸力和蒸腾拉力的作用下，土壤水分运移越活跃，越有利于冬小麦对水分和养分的吸收利用，因而导致了2m地下水埋深处理的冬小麦叶面积指数最大。对比不同灌水定额可以看出（图6-4），相同地下水埋深条件下，低灌水定额处理的叶面积指数大于高灌水定额处理，低灌水定额水量时各处理之间冬小麦叶面积指数间的差异达到极显著水平（$P=0.01$）；高灌水定额水量时，地下水埋深2m、3m和4m处理叶面积指数间差异不显著。表明不同地下水埋深对冬小麦叶面积指数的影响较大，即地下水埋深越浅，冬小麦的叶面积指数越大，反之亦然。

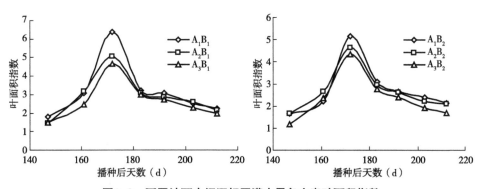

图6-3　不同地下水埋深相同灌水量冬小麦叶面积指数

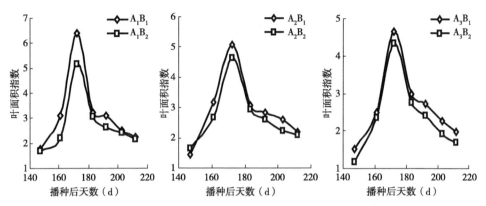

图6-4 相同地下水埋深不同灌水量冬小麦叶面积指数

6.1.4 对群体密度的影响

冬小麦的群体密度随时间变化如图6-5、图6-6所示。从图6-5、图6-6中可以看出，在播种后180d之前，各处理之间的群体密度差别较大。自冬小麦返青起，群体密度迅速下降，是由于播种密度大造成冬小麦群体密度过大，随着养分和水分的竞争，部分小麦逐渐死亡。对比不同地下水埋深，低水处理和高水处理的冬小麦群体密度由大到小顺序为：地下水埋深2m>3m>4m；对比不同灌水水量（图6-6），低水处理群体密度大于高水处理。低灌水量时各处理之间冬小麦群体密度间的差异达到极显著水平（$P=0.01$）；高灌水量时，地下水埋深2m、3m和4m处理间群体密度间的差异不显著。灌水量相同时，地下水埋深为2m和3m的低水与高水两个处理群体密度间差异达到极显著水平（$P=0.01$），而地下水埋深为4m的两个处理群

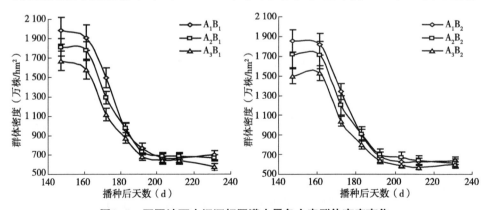

图6-5 不同地下水埋深相同灌水量冬小麦群体密度变化

体密度间差异达到显著水平（$P=0.05$）。表明地下水埋深和灌水量都对冬小麦群体密度有影响。

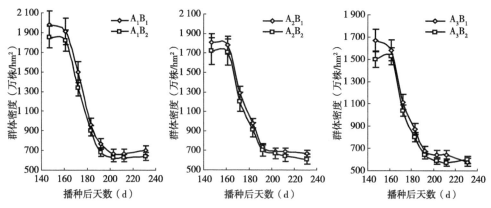

图6-6 相同地下水埋深不同灌水量冬小麦群体密度变化

6.1.5 对干物质量的影响

由表6-4可以看出，冬小麦低灌水定额处理地下水埋深为2m的干物质积累量最大，低灌水定额处理地下水埋深为4m最小。2m地下水埋深时，低灌水定额处理的干物质积累量大于高灌水定额处理，而3m和4m地下水埋深与2m相反。灌水量相同时，低灌水定额处理的干物质积累量由大到小的顺序为：埋深2m>埋深3m>埋深4m，高灌水定额处理的干物质积累量由大到小的顺序为：埋深2m>埋深4m>埋深3m，由方差分析可知，灌水量相同时各处理之间差异达到显著水平（$P=0.05$），说明地下水埋深对冬小麦的干物质量影响较大。

表6-4 不同处理干物质量、实际产量、灌溉水利用效率

试验处理	干物质产量（kg/hm²）	实际产量（kg/hm²）	水分利用效率（kg/m³）
A₁B₁	19 404.70a	8 573.10a	1.63
A₁B₂	18 556.25b	7 388.73b	1.19
A₂B₁	15 177.68c	7 314.80c	1.52
A₂B₂	18 550.42a	7 912.73c	1.27
A₃B₁	14 963.29c	7 115.13a	1.48
A₃B₂	16 951.75b	7 603.13b	1.22

6.1.6 对产量的影响

各处理冬小麦实际产量（以下简称产量）见表6-4。灌水量相同时，地下水埋深是影响冬小麦产量的主要因素。高灌水定额处理中，3m地下水埋深的产量最大，其次为4m、2m。低灌水定额处理的产量随地下水埋深增大而减小，低灌水定额2m地下水埋深的产量最大，低灌水定额4m地下水埋深的产量最小。相同地下水埋深条件下，各处理产量的对比结果为：低灌水定额2m埋深>高灌水定额2m埋深，高灌水定额3m埋深>低灌水定额3m埋深，高灌水定额4m埋深>低灌水定额4m埋深。由方差分析可知，灌水量相同时各处理之间差异达到显著水平（$P=0.05$）。从水分利用效率看，地下水埋深相同时，低灌水定额处理的水分利用效率都大于高灌水定额处理；相同灌水量条件下，低灌水定额处理中2m地下水埋深的水分利用效率最大，高灌水定额处理中3m地下水埋深水分利用效率最大。

6.2 不同地下水埋深再生水灌溉对夏玉米生理指标影响

6.2.1 夏玉米试验概况

试验用夏玉米品种为新单23，2kg/亩，行距60cm，株距30cm，2007年6月10日播种，2007年10月9日收获。夏玉米灌水日期及水质见表6-5，全生育期降雨资料见表6-6。

表6-5 夏玉米灌水日期及水质成分

水质	EC (dS/m)	NO_3^--N (mg/L)	NH_4^+-N (mg/L)	P (mg/L)	K^+ (mg/L)	Na^+ (mg/L)	Ca^{2+} (mg/L)	Mg^{2+} (mg/L)
再生水 （2007-8-14）	1.69	17.42	0.50	2.60	15.00	680.31	108.95	69.36
清水 （2007-8-14）	1.50	8.30	0.00	0.01	1.20	194.88	92.00	57.60

表6-6 夏玉米全生育期降雨资料

日期（月-日）	6-28	7-5	7-18	7-29	7-31	8-25	8-28	9-4	9-7	9-27
降水量（mm）	56	183.6	6.2	22	11.3	6.5	15.4	13	6.3	10.6

6.2.2 对叶面积指数的影响

夏玉米的叶面积指数变化如图6-7、图6-8所示。从图6-7、图6-8中可以看出，在播种后30～50d夏玉米叶面积指数为快速增长阶段，并在第50天达到最大值，在此之后叶面积指数开始缓慢下降，且各处理叶面积指数的增长速率相近，下降速率也相近。不同地下水埋深的低灌水定额和高灌水定额处理叶面积指数大小变化相同，都为埋深2m>埋深3m>埋深4m。由于夏玉米只进行1次再生水灌溉，且在叶面积指数最大值出现之后，所以在此之前叶面积指数变化不受水质的影响，仅受地下水埋深和土壤本底值的影响。应用DPS数据处理系统进行分析得出，灌水量相同时地下水埋深对夏玉米叶面积指数影响不显著；地下水埋深相同时灌水量对夏玉米的叶面积指数影响也不显著。这是由于夏玉米生长期间降水量大且频繁，使得各处理间的土壤水分差别较小所致。

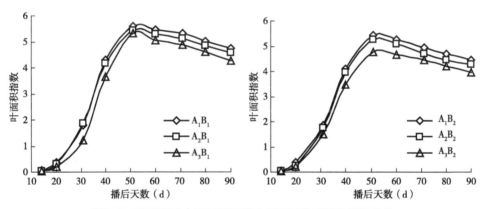

图6-7　不同地下水埋深相同灌水量夏玉米叶面积指数变化

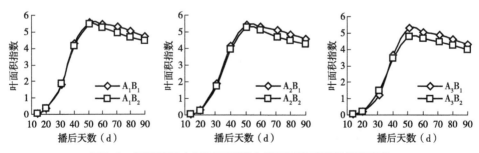

图6-8　相同地下水埋深不同灌水量夏玉米叶面积指数变化

6.2.3 对株高的影响

夏玉米株高变化如图6-9、图6-10所示。从图6-9、图6-10中可以看出，在夏玉米播种后50d之前株高的变化趋势与叶面积指数基本一致。从播种后到第50天，再生水处理的夏玉米株高快速增长并达到最大值。也是在灌水之前株高达到最大值，所以在灌水前株高的变化不受水质的影响，只与地下水位和土壤本底值有关。应用DPS数据处理系统进行分析得出，灌水量相同时地下水埋深对夏玉米株高影响不显著；地下水埋深相同时灌水量对夏玉米的株高影响也不显著。

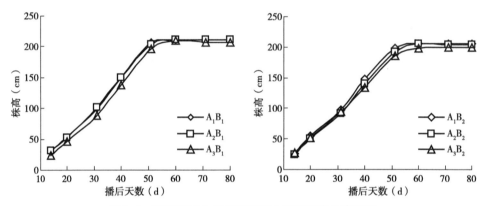

图6-9 不同地下水埋深相同灌水量夏玉米株高变化

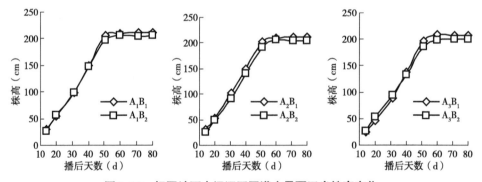

图6-10 相同地下水埋深不同灌水量夏玉米株高变化

6.2.4 对产量的影响

2007年10月9日夏玉米收获。收获时随机取5株玉米进行考种，考种资料如表6-7所示。可以看出灌水量相同时，地下水埋深为2m和3m处理的百粒重和理论产量与地下水埋深为4m的处理达到极显著水平，说明地下水埋深为4m以下时对夏玉米的产量影响较大。从水分利用效率看，再生水灌溉2m和3m埋深处理水分利用效率相差不大，再生水灌溉4m处理的水分利用效率最小。

表6-7　夏玉米百粒重、理论产量、灌溉水利用效率一览

处理	百粒重（g）	理论产量（kg/hm²）	水分利用效率（kg/m³）
A_1B_1	25.217A	8 898.681A	2.114
A_2B_1	25.363A	8 862.185A	2.106
A_3B_1	22.407B	7 513.702B	1.785
A_1B_2	28.273A	9 682.046A	2.147
A_2B_2	27.503A	9 378.797A	2.080
A_3B_2	22.280B	7 713.831B	1.711

6.3　本章结论

本章探讨了不同地下水埋深再生水灌溉对冬小麦和夏玉米生理指标的影响，试验结果如下。

（1）再生水灌溉对冬小麦的生长发育有促进作用，尤其是对叶面积指数、干物质积累量和产量的影响较大。相同灌水量和施肥条件下，地下水埋深2m处理对促进冬小麦各生理指标的增长最有利。

（2）地下水埋深、灌溉水质和灌水量对冬小麦抽穗前的群体密度影响较大。相同地下水埋深条件下，低灌水定额比高灌水定额更能促进冬小麦叶面积指数及株高的增长。2m地下水埋深条件下，低灌水定额比高灌水定额更能促进冬小麦干物质积累量和产量的增加。这是由于当地下水埋深较浅时，高灌水定额处理有可能使作物根区土壤含水量过大，使小麦产生渍害，从而影响了小麦生长。

（3）由于夏玉米试验期间降水量丰沛，各处理间叶面积指数、株高的差异不显著。

7 基于BP神经网络的土壤氮素运移模拟研究

7.1 试验设计

　　土壤氮素周转是生物地球化学过程中的重要环节之一，其研究从19世纪开始一直是土壤学、植物营养学的热点问题之一，模拟氮素循环过程对提高氮肥利用率、减轻或阻止环境污染风险、降低资源消耗等方面具有重要的理论和现实意义。早在20世纪80年代国外很多专家学者构建了确定性机理模型、确定性函数模型和随机模型用于土壤氮素迁移转化模拟，并且建立了许多模型，如HYDRUS、RZWQM、LEACHM、GLEAMS、DAISY、DNDC、NLEAP、ENVIRO-GRO等；国内的许多专家学者也对不同情境下土壤氮素运移进行了模型构建和数值模拟研究。在众多专家学者研究的基础上，对土壤氮素循环转化过程的认知不断深入，同时，也清楚认识到，目前只有较少的土壤氮素循环模型在田间条件下得到比较充分的应用和验证，其原因包括模型参数求解过程的不确定性、测定资料和氮素转化过程间相互作用的不确定性。此外，影响土壤氮素循环转化的因素很多，模型不可能考虑所有的影响因素且不能定量刻画转化过程的相互作用，有时只能用"黑箱"表示。近年来，随着土壤生物物理和数理统计理论的发展，土壤氮素循环模型出现了两大趋势，即理论模型对氮素转化机理刻画的细微化和准确性、应用模型对氮素转化过程刻画的简单化和易用性。特别是越来越多的土壤氮素循环更加强调生化反应间的相互关联，突出研究的尺度效应和系统性，如CERES-GIS、NLEAP-GIS、RZWQM-GIS，且CERES和RZWQM已形成了人机交互的知识系统。迄今为止，尽管数学模型的预报能力还很有限，但利用它作为科学管理和预测的工具，是土壤科学发展的必然趋势。人工神经网络技术在解决多参非线性的问题上有独特的优势，特别是具有对系统信息获取的自动化、知识表达方式的普适性及非线性等特点，同时不需要测定阻滞系数等参数，具有很强的实用性；且土壤氮素影响因素和氮素运移之间的关系属于非线性关系，较适合应用人工神经网络技术来描述。本章引入人工神经网络技术对再生水灌溉条件下土壤氮素的运移进行模拟，建立了再生水灌溉条件下土壤氮素运移模型。

试验在中国农业科学院农田灌溉研究所洪门试验站大型地中渗透仪中进行。地中渗透仪长41m、宽4m、高4.8m，设有不同深度的测筒和测坑。其中测筒内径0.618m，测坑土体尺寸为3m×3m×（1.8～5.3）m不等。试验设计了不同的地下水埋深（2m、3m、4m），不同的灌水定额（900m³/hm²，1 200m³/hm²），供试玉米品种为新单23，行距60cm，株距30cm。于2005年6月16日播种，10月10日收获。测定项目包括：土壤含水率，采用TRIME系统和烘干法联合测定，每10d测定1次；土壤硝态氮，采用硝酸根电极法测定，每10d测定1次；作物生育指标——叶面积，每10d测定1次；地下水蒸发和不同地下水埋深的下渗水量，每天观测1次，试验过程中严格控制地下水水位。试验场内设有农田微气象站，定时测定各项气象指标。试验所用中水为新乡市某再生水处理厂二级处理出水，灌水量采用水表控制，各处理施肥情况相同。

7.2 生育期内降雨及灌水资料

夏玉米生育期内降雨及灌水如图7-1所示，降雨资料来源于农田微气象站，整个生育期内降水量较大，累积降水量为421mm，整个生育期内灌水1次。

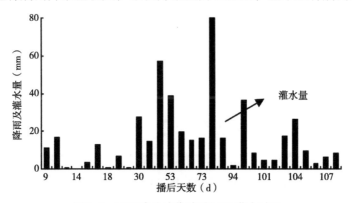

图7-1 夏玉米生育期内降雨及灌水过程

7.3 土壤剖面含水率动态分布

由于灌水定额为1 200m³/hm²的测坑内土壤含水率的动态变化趋势与灌水定额为900m³/hm²的相似,本研究仅给出不同地下水埋深条件下灌水定额为900m³/hm²的测坑内土壤剖面含水率在整个生育期内的动态变化图。由图7-2可知,不同地下水埋深条件下土壤剖面含水率分布是不同的,在0~120cm土层内地下水埋深为4m测坑内土壤含水率变化较2m和3m的剧烈,而在120~200cm的土层内,地下水埋深为2m的测坑内的土壤含水率变化较3m和4m的剧烈。究其原因可能是地下水埋深为4m的测坑,其地下水埋深较大,相同条件下地下水补给相同土层内(0~120cm)的水分较2m和3m的少,使得0~120cm土层由于蒸发蒸腾失水引起含水率的变化较剧烈;而在120~200cm土层内,地下水埋深为2m的测坑,120~200cm水分交替较频繁,地下水能够及时补给因蒸发蒸腾损失的水分,而3m和4m的测坑120~200cm土层仅是一个连续过渡的土层,因此变化不剧烈。

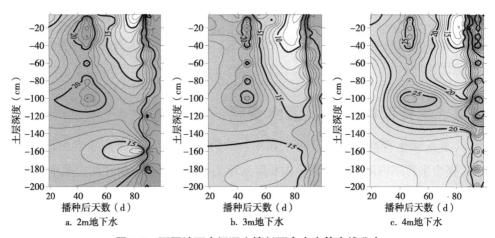

a. 2m地下水　　　　b. 3m地下水　　　　c. 4m地下水

图7-2　不同地下水埋深土壤剖面含水率等直线分布

7.4 土壤剖面硝态氮动态分布

灌水定额为1 200m³/hm²的测坑内硝态氮的动态变化趋势与灌水定额为900m³/hm²的相似,本研究仅给出不同地下水埋深条件下灌水定额为900m³/hm²的测坑内土壤剖面硝态氮在整个生育期内的动态变化图。由

图7-3可知，土壤硝态氮活动层主要在0～120cm的土层，120cm以下土层硝态氮含量很少。播后42d进行施肥，施肥后土壤硝态氮剧烈增加，40d后趋于稳定。由不同地下水埋深的测坑内土壤氮素分布情况可知，地下水埋深分别为2m、3m和4m的测坑内，土壤剖面硝态氮的变化剧烈程度的顺序为2m>3m>4m，且土壤硝态氮数值大小顺序为2m>3m>4m。其原因为2m测坑的水分交替变化较活跃，伴随着土壤水分变化，土壤硝态氮也有相应的变化。这也进一步说明，地下水埋深越浅，土壤硝态氮的变化越剧烈。

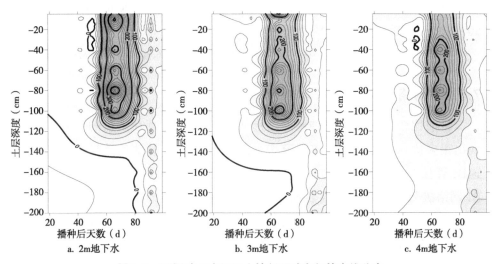

a. 2m地下水　　　　　　　b. 3m地下水　　　　　　　c. 4m地下水

图7-3　不同地下水埋深土壤剖面硝态氮等直线分布

7.5　土壤硝态氮的动态模拟

20世纪80年代迅速发展起来的人工神经网络技术因其独特的大规模并行计算能力、较强的容错能力、自组织能力、非线性拟合能力等，已广泛应用于各学科领域，在水土工程中的应用也日趋活跃，但在再生水灌溉研究中目前还没有深入的研究和应用。本研究尝试引入人工神经网络技术对土壤氮素运移进行动态模拟，旨在寻求一种模拟土壤氮素运移的简便实用的方法。

7.5.1　输入因子、输出因子、训练样本的确定

由于影响土壤氮素运移的因素较多，参考前人已建的氮素运移模型和当地的实际情况，氮素运移模型的影响因素确定为大气因素、土壤因素、

地下水因素和作物因素，其中大气因素用综合指标ET_0表征，土壤因素主要是指土壤含水率，地下水因素用地下水埋深表征，作物因素旨在表征作物生育进程，用叶面积表征。根据前面的分析得知，土壤硝态氮的活动层在$0 \sim 120cm$的土层内，考虑到模型的稳定性和普遍适用性，分不同层次进行模拟，模拟层确定为根系主要活动层$0 \sim 100cm$土层。最终模型的输入因子确定为：叶面积，ET_0，地下水埋深，$0 \sim 10cm$、$10 \sim 20cm$、$20 \sim 30cm$、$30 \sim 40cm$、$40 \sim 60cm$、$60 \sim 80cm$、$80 \sim 100cm$土壤含水率。模型的输出因子确定为：$0 \sim 10cm$、$10 \sim 20cm$、$20 \sim 30cm$、$30 \sim 40cm$、$40 \sim 60cm$、$60 \sim 80cm$、$80 \sim 100cm$土壤硝态氮。

共19个样本参与网络训练、检验，其中10个为训练样本，9个为检验样本。

7.5.2 网络结构

目前比较常用的人工神经网络形式为BP网络，其在大量的研究中已表现出很多优点。鉴于此，本研究中采用BP网络。在算法的选择上，选取快速BP算法。理论已经证明3层BP网络可以逼近任何函数，本研究中对3层BP网络进行训练，传递函数选择目前常用的组合，即隐含层采用双曲正切"S"形（Tansig），输出层采用线性传递函数（Purelin）。利用MATLAB语言，并使用神经网络工具箱的函数自编计算程序。

土壤硝态氮BP网络模型结构见图7-4。

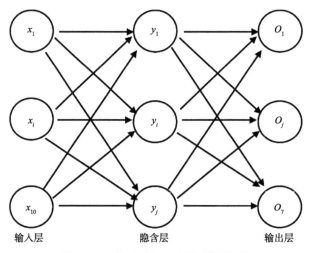

图7-4 土壤硝态氮BP网络模型结构

图中输入层$x_1 \sim x_{10}$为输入因子，$y_1 \sim y_j$为隐含结点。$O_1 \sim O_7$为输出因子。输入层、隐含层、输出层各因子分别经权值、阈值及传递函数通过以下数学公式连接。

$$y_j = f_1\left(\sum_{i=1}^{15} w_{ij}x_i - b_j\right), \quad j=1, \cdots, n \qquad （7-1）$$

$$O_l = f_2\left(\sum_{j=1}^{12} w_{jl}y_j - b_l\right), \quad l=1, \cdots, 7 \qquad （7-2）$$

式中：i—输入层神经元个数；

j—隐含层神经元个数；

l—输出层神经元个数；

f_1—隐含层的激活函数；

f_2—输出层的激活函数；

w_{ij}—第i个输入层神经元到第j个隐含层神经元的权值；

w_{jl}—第j个隐含层神经元到第l个输出层神经元的权值；

b_j—输入层到隐含层的阈值；

b_l—隐含层到输出层的阈值；

O_l—整个网络输出。

7.5.3　网络的训练

网络模型的结构设计好之后，对网络进行训练：①用小的随机数对每一层的权值w和阈值b初始化，以保证网络不被大的加权输入饱和。②对期望误差最小值（err），最大循环次数（epoch），修正权值的学习速率（lr）等参数进行设计。③计算网络误差值。④计算各层反向传播的误差变化值。⑤将初始权值和阈值与对应的调整量相加，计算出新的权值和阈值。⑥如此循环往复直至输出层误差平方和达到给定的拟合误差值为止。

7.5.4　网络参数及网络结构的确定

对于快速BP算法，网络训练过程中的参数有最大训练次数（epoch），期望误差最小值（err）及学习速率（lr）。前两项是网络训练的结束条件，原则上是拟合误差越小得到的网络精度越高。实践中可选取部分样本在不同拟合误差下训练网络，用所余样本进行检验，按预测精度的大小确定最佳拟合误差。本研究中选取前10个为训练样本，后9个为检验样本。在网络进行训练和调试过程中，通过调整隐含层神经元个数来确定网络的拓扑结构。最终确定隐含层神经元个数为12，epoch=10 000，lr=0.001，err=0.001时，网络具有误差收敛速度快、拟合误差小、泛化能力强的特点。所以该土壤氮素运移BP网络的拓扑结构为10：12：7。经网络训练所得权重、阈值列于表7-1。

模型用于再生水灌溉下土壤氮素运移模拟时，可通过相应的输入因子驱动模型，得到不同深度的氮素分布情况。

7.5.5　模型的检验

将检验样本的输入因子代入所建立的再生水灌溉下土壤氮素运移的BP网络模型，得到不同深度的土壤硝态氮。将所计算的土壤硝态氮与实测土壤硝态氮进行对比（图7-5）。可见应用BP神经网络对再生水灌溉下的土壤硝态氮进行模拟具有较高精度，实测值和模拟值均匀分布在45°线的周围。表7-2给出了模拟值和实测值之间的相对误差，表层的相对误差较深层的大，模拟精度较小，原因是表层的影响因素较敏感，土壤的时空变异性较大。但总体上模拟精度较高，因此可应用BP神经网络技术对再生水灌溉下的土壤硝态氮进行模拟计算。

表7-1　土壤氮素运移BP模型权、阈值

	隐含节点	1	2	3	4	5	6	7	8	9	10	11	12
w_1	叶面积指数	0.0777	0.084	-0.1038	-0.1361	-0.0396	-0.035	0.0011	-0.4082	0.0912	0.024	-0.0976	-0.0851
	ET_0	0.3107	0.0883	-0.2114	-0.0718	0.3279	0.2032	-0.1047	0.1007	-0.182	-0.1873	0.3773	0.013
	地下水埋深	-0.1558	-0.0787	-0.3341	0.261	-0.7464	-0.4943	-0.8149	0.3644	0.0002	0.2362	-0.0713	0.0226
	$\theta_{0\sim10}$	0.3112	0.477	-0.4514	-0.2265	-0.1963	-0.394	0.0819	-0.033	0.1836	-0.5215	-0.1265	0.3332
	$\theta_{10\sim20}$	0.0652	-0.2228	-0.4566	-0.1152	-0.483	-0.0004	-0.1586	-0.0169	-0.0943	0.2085	0.0451	0.2344
	$\theta_{20\sim30}$	0.1815	0.2304	-0.0831	-0.125	-0.2097	0.0894	-0.0555	-0.217	-0.176	-0.0749	-0.0792	0.0278
	$\theta_{30\sim40}$	0.2893	0.2568	-0.3255	-0.0885	-0.3593	-0.1387	0.2527	0.1557	-0.2802	0.0387	-0.4667	-0.3319
	$\theta_{40\sim60}$	-0.0166	0.2424	-0.4067	-0.445	-0.1548	0.1275	-0.1567	-0.4508	0.1027	-0.0112	-0.4707	0.09
	$\theta_{60\sim80}$	0.0522	0.0492	-0.5297	0.0986	-0.3381	-0.1199	0.099	-0.1955	-0.1898	-0.1264	-0.241	0.1827
	$\theta_{80\sim100}$	0.2009	-0.1163	-0.4401	-0.3148	-0.2109	0.1247	0.113	-0.1608	0.0379	0.0825	-0.1803	-0.3535
	b_1	-0.5892	-1.476	1.0947	-1.6549	0.1227	0.4779	0.8902	0.7933	-0.7163	0.5047	-1.2644	0.0594
w_2	$NO_3^--N_{0\sim10}$	-0.2131	1.1923	0.0083	-0.5856	0.0146	-0.0717	-0.6838	-0.277	0.3193	-0.6497	-0.5597	0.8151
	$NO_3^--N_{10\sim20}$	0.9842	0.7096	0.0553	-0.7621	-0.6233	0.1335	0.2345	0.2816	0.7517	0.5499	-0.2058	0.8551
	$NO_3^--N_{20\sim30}$	0.2489	-0.1206	-0.3253	-0.1373	-1.0516	-0.0839	0.126	0.5011	-0.241	-0.8565	0.053	0.0597
	$NO_3^--N_{30\sim40}$	-0.1398	0.7555	-0.2325	-0.2051	-0.3837	-0.5748	0.5371	0.2873	-1.1131	-0.3129	-0.4955	-0.9716
	$NO_3^--N_{40\sim60}$	0.4354	0.4744	-0.5195	-0.8492	0.2727	0.0201	-0.044	-0.4106	-0.6728	0.8786	-0.385	0.8661
	$NO_3^--N_{60\sim80}$	-0.1807	-0.2292	-0.8737	-0.4157	-0.2716	-0.446	0.0277	0.0275	-0.3507	-0.781	-0.2446	0.1108
	$NO_3^--N_{80\sim100}$	0.0949	-0.5211	-1.1307	-0.2608	-0.2133	0.228	-0.4126	-0.0987	-0.1516	-0.4115	-0.4465	0.3241
	b_2		1.141	0.3366	0.5158	-0.271	-0.6773	0.2727	0.3339				

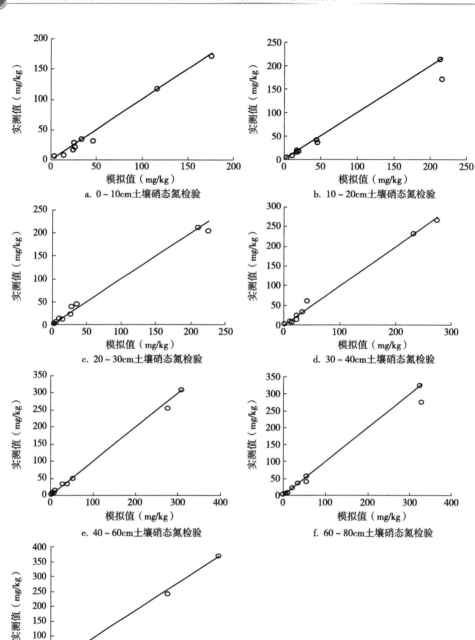

a. 0~10cm土壤硝态氮检验

b. 10~20cm土壤硝态氮检验

c. 20~30cm土壤硝态氮检验

d. 30~40cm土壤硝态氮检验

e. 40~60cm土壤硝态氮检验

f. 60~80cm土壤硝态氮检验

g. 80~100cm土壤硝态氮检验

图7-5　土壤硝态氮BP网络模型检验

表7-2　土壤硝态氮BP神经模型的模拟值和实测值之间的相对误差分析

土壤深度（cm）	0~10	10~20	20~30	30~40	40~60	60~80	80~100	各层均值
相对误差（%）	23.10	20.23	14.72	15.51	17.15	16.71	15.68	17.58

7.6　本章结论

本章在分析氮素运移机理试验的基础上，首次引入了人工神经网络技术，对不同埋深条件下再生水灌溉土壤中氮素运移进行了模拟计算。研究结果如下。

（1）经网络模拟训练，模型的拓扑结构确定为10：12：7，所采用BP网络模型的输入因子选取了表征作物生育指标的叶面积、气象因素综合指标ET_0、地下水埋深和不同深度的土壤含水率；输出因子选取了不同深度的土壤硝态氮。

（2）计算和检验结果表明，所建BP网络模型具有较高的模拟精度，可用于再生水灌溉条件下土壤中氮素运移的模拟，此研究是对再生水灌溉研究中氮素运移模拟的补充，为再生水灌溉氮素运移模拟开辟了新途径。

8 再生水灌溉环境影响评价与健康风险评估研究

8.1 概述

20世纪80年代末期以来，有少数学者采取定性与定量相结合的方法，对土壤质量、环境质量以及水质进行了评价。叶常明等（1999）针对近年来我国一些地区接连发现了灌溉含有阿特拉津河水的水稻苗受害事件，以河北省宣化农药厂的生产工艺为例，通过使用概率评价的方法，进行了阿特拉津对水稻危害的风险分析研究。2002年巴德里·法塔拉等根据费用—效益和疾病预防两方面的因素开发了一种风险评估方法，用于评价再生水再用于灌溉生食蔬菜的国际微生物准则和标准。2004年赵肖等在分析再生水灌溉地区灌溉再生水、大气、地下水监测数据以及砷污染区流行病学调查资料的基础上，以污灌导致的膳食砷暴露为研究对象，探讨了灌溉再生水砷浓度与人群砷中毒患病率之间的关系，并以石家庄污灌区为例，研究了污灌区砷的可接受风险灌溉浓度。2005年汪尚朋根据新疆石河子灌区的地质、环境、农业生产、所用水质等情况，建立了再生水农业灌溉安全性评价。2007年李洪良运用层次分析法（AHP）对再生水灌溉造成的各类风险进行了风险识别，提出了再生水灌溉对土壤—作物、地表水、人群健康和地下水的污染程度评估指标与再生水灌溉总风险度的计算方法。

再生水灌溉对环境的影响程度如何？应该采取哪些指标、何种评价方法进行评价？这直接关系到再生水灌溉能否得到持续、健康的发展。由于再生水灌溉的复杂性，国内在这些方面的研究较为薄弱，对不同地下水埋深条件下，再生水灌溉对环境的影响如何进行评价尚未见文献报道。针对上述存在的问题，本研究在再生水灌溉田间试验的基础上，结合污灌区资料调查，提出了再生水灌溉环境评价指标体系，建立了模糊综合评价模型，开发出了配套的计算机管理软件，并进行了实例分析。

8.2 评价指标体系构建的基本原则

总体来讲，再生水灌溉环境影响评价指标体系构建时必须注意以下基本原则。

8.2.1 全面性原则

评价指标体系必须尽可能反映再生水灌溉对环境影响的各个方面，不能漏掉某一方面，否则，评价结论将是不可靠的。

8.2.2 科学性原则

评价指标体系从元素构成到结构，从每一个指标计算内容到计算方法都必须科学、合理、准确。

8.2.3 层次性原则

由于再生水灌溉环境评价系统的复杂性，应建立评价指标体系的层次结构，可为进一步的因素分析创造条件。

8.2.4 目标性原则

评价指标体系的构成，必须紧紧围绕综合评价目标而层层展开，这样最后的评价结论才能反映评价的宗旨。

8.2.5 可比性原则

所构造的评价指标体系必须对每一个评价对象都是公平的、客观的，指标体系中不能包括一些有明显"倾向性"的指标。

8.2.6 一致性原则

由于不同评价方法对评价指标体系的要求存在差异，实际构造评价指标体系时，必须采取与评价方法一致的原则。

8.2.7 可操作性原则

评价方案的真正价值，只有在付诸实施时才能够体现出来，这就要求评价指标体系中的每一个指标都必须是可操作易行的，并且便于资料的收集。

8.3 再生水灌溉环境评价过程

再生水灌溉对环境的影响非常复杂，涉及因素多，影响面广，因此再生水灌溉环境评价是一个多指标综合评价过程（图8-1），具体过程如下。

（1）确定评价目标。

（2）建立再生水灌溉环境评价指标体系。包括评价目标的细分与结构化、指标体系的初步确定、指标体系的整体检验与个体检验，以及指标体系结构的优化及量化等环节。

（3）选择再生水灌溉环境评价方法与模型。包括评价方法选择、权数构造、评价指标体系的标准值与评价规则的确定等。

（4）综合评价实施。包括指标体系数据搜集、数据评估、数据处理、评价模型参数求解等。

（5）评价结果评估与检验。判别所选评价模型、有关标准、有关权值甚至指标体系是否合理，若不符合要求，则需要进行修改，甚至返回到前述的某一环节。

（6）评价结果分析与报告。包括评价结果的书面分析、评价报告撰写、评价结果发布等。

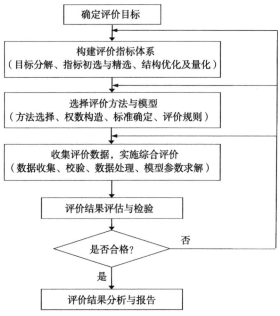

图8-1 综合评价流程

8.4　评价目标确定

根据再生水灌溉的特点及其对环境的影响范围，主要从再生水灌溉对环境的负面影响方面进行评价。再生水灌溉环境评价的目标拟从土壤安全性、农作物安全性、地下水安全性3个方面进行分析与评价。

8.5　评价指标体系构建

8.5.1　土壤安全性指标（A）

由于再生水中含有有毒有害物质，长期污灌会导致土壤碱化、酸化、盐碱化、板结、土质结构破坏等问题。根据再生水中污染物种类及污灌区土壤性质，将灌区土壤安全性指标进一步分为土壤理化性质影响（A_1）和土壤毒害性（A_2）两个子子目标。土壤理化性质影响指标包括：钾、钠、钙、镁、悬浮物。土壤毒害性指标包括汞、铜、锌、铅、镉、铬。

8.5.2　农作物安全性指标（B）

根据农作物类型及其危害程度，将农作物安全性指标进一步分为污染物在农作物中的累积（B_1）、阻碍作物生长（B_2）和影响作物品质（B_3）3个子子目标。污染物在农作物中的累积指标包括：铅、镉、砷、铬。阻碍作物生长指标包括：铅、镉、砷、铬。影响作物品质指标包括：粗蛋白质、总磷、钾、淀粉。

8.5.3　地下水安全性指标（C）

根据再生水灌溉对地下水水质危害情况，将地下水安全性指标进一步分为地下水常规理化指标（C_1）、对人或动物有毒害作用（C_2）及生物污染（C_3）3个子子目标。地下水常规理化指标包括：色度、氨氮、总硬度、pH值、EC。对人或动物有毒害作用指标包括：汞、铜、锰、铅、铬、镉、硝态氮。生物污染指标包括：总大肠杆菌。

通过上述指标及其影响分析，建立的再生水灌溉环境评价指标体系见图8-2。

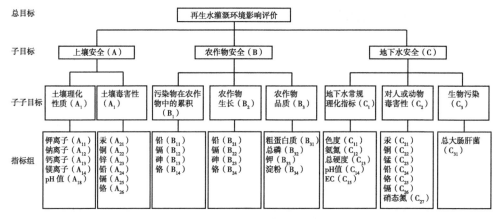

图8-2 再生水灌溉环境评价指标体系

8.6 评价指标权重计算

由于再生水灌溉环境评价指标体系的结构比较复杂，指标较多且不易量化，因此，本次评价采用判断矩阵分析法计算指标权重。主要方法有方根法及和积法。

8.6.1 方根法

$$w_i = \frac{\sqrt[m]{\prod_{j=1}^{n} a_{ij}}}{\sum_{i=1}^{n} \sqrt[m]{\prod_{j=1}^{n} a_{ij}}}, i = 1, \cdots, n \tag{8-1}$$

8.6.2 和积法

$$w_i = \frac{\sum_{j=1}^{n} \frac{a_{ij}}{\sum_{k=1}^{n} a_{kj}}}{\sum_{i=1}^{n} \sum_{j=1}^{n} \frac{a_{ij}}{\sum_{k=1}^{n} a_{kj}}}, i = 1, \cdots, n \tag{8-2}$$

式中：w_i——第i个指标的权重；

a_{ij}——指标i与指标j的相对重要程度。

计算结果见表8-1至表8-12。

表8-1 各子目标之间的权重

名称	土壤安全性子目标W_A	农作物安全性子目标W_B	地下水安全性子目标W_C
权重	0.2	0.4	0.4

表8-2 土壤各子子目标之间的权重

名称	土壤理化性质子子目标W_{A1}	土壤毒害性子子目标W_{A2}
权重	0.33	0.67

表8-3 农作物各子子目标之间的权重

名称	农作物污染物累积子子目标W_{B1}	作物生长子子目标W_{B2}	作物品质子子目标W_{B3}
权重	0.43	0.14	0.43

表8-4 地下水各子子目标之间的权重

名称	地下水常规理化性质子子目标W_{C1}	对人或动物毒害性子子目标W_{C2}	生物污染子子目标C_3
权重W	0.167	0.50	0.333

表8-5 严重毒害土壤各指标的权重

名称	汞（A_{21}）	铜（A_{22}）	锌（A_{23}）	铅（A_{24}）	镉（A_{25}）	铬（A_{26}）
权重W	0.374	0.075	0.053	0.187	0.187	0.125

表8-6 影响土壤理化性质各指标的权重

名称	pH值（A_{18}）
权重W	1

表8-7 污染物在农作物中的累积各指标权重

名称	铅（B_{11}）	镉（B_{12}）	砷（B_{13}）	铬（B_{14}）
权重W	0.083	0.333	0.333	0.251

表8-8 阻碍农作物生长各指标的权重

名称	铅（B_{21}）	镉（B_{22}）	砷（B_{23}）	铬（B_{24}）
权重W	0.071	0.429	0.286	0.214

表8-9 影响农作物品质各指标的权重

名称	粗蛋白质（B_{31}）	总磷（B_{32}）	钾（B_{33}）	淀粉（B_{34}）
权重W	0.286	0.286	0.142	0.286

表8-10 地下水常规理化性质各指标的权重

名称	色度（C_{11}）	氨氮（C_{12}）	总硬度（C_{13}）	pH值（C_{14}）	悬浮物（C_{15}）
权重W	0.286	0.286	0.142	0.143	0.143

表8-11 地下水对人或动物有毒害作用各指标的权重

名称	汞（C_{21}）	镉（C_{26}）	硝态氮（C_{27}）	铜（C_{22}）	锰（C_{23}）	铅（C_{24}）	铬（C_{25}）
权重W	0.105	0.105	0.211	0.105	0.052	0.211	0.211

表8-12 生物污染各指标的权重

名称	总大肠杆菌（C_{31}）
权重W	1

8.7 评价指标分级标准

在评价指标体系中，各个基本指标评分标准的划分，主要是按照各指标对环境的影响程度，并参照国家相关标准等，将其划分为未污染、轻度污染、中度污染、重度污染和严重污染5个评分标准，见表8-13。

表8-13 评价指标的分级标准

子子目标	单项指标	单位	再生水灌溉环境影响评价指标分级				
			未污染	轻污染	中度污染	重度污染	严重污染
土壤理化性质A_1	pH值（A18）		7	7.5	8	9	>9
土壤毒害性A_2	汞（A_{21}）	mg/kg	<0.15	0.58	1	1.25	>1.25
	铜（A_{22}）	mg/kg	<35	67.5	100	250	>250
	锌（A_{23}）	mg/kg	<100	200	300	400	>400
	铅（A_{24}）	mg/kg	<35	193	350	425	>425
	镉（A_{25}）	mg/kg	<0.2	0.6	1	1.3	>1.3
	铬（A_{26}）	mg/kg	<90	170	250	275	>275
农作物污染物累积B_1	铅（B_{11}）	mg/kg	<0.332	0.65	1	1.5	>1.5
	镉（B_{12}）	mg/kg	<0.048	0.103	0.198	0.299	>0.299
	砷（B_{13}）	mg/kg	<0.126	0.27	0.42	0.56	>0.56
	铬（B_{14}）	mg/kg	<0.046	0.142	0.346	0.448	>0.448
作物生长B_2	铅（B_{21}）	mg/kg	<0.332	0.65	1	1.5	>1.5
	镉（B_{22}）	mg/kg	<0.048	0.103	0.198	0.299	>0.299
	砷（B_{23}）	mg/kg	<0.125	0.27	0.42	0.56	>0.56
	铬（B_{24}）	mg/kg	<0.046	0.142	0.346	0.448	>0.448
作物品质B_3	粗蛋白质（B_{31}）	%	>15	14.5	14	12	<12
	淀粉（B_{34}）	%	>35	33.5	32	25	<25
地下水常规理化指标C_1	色度（C_{11}）	度	3	4.75	6.5	9.75	>9.75
	氨氮（C_{12}）	mg/L	<0.02	<0.14	<0.26	<0.38	>0.38
	总硬度（C_{13}）	mg/L	500	875	1 250	1 625	>1 625
	pH值（C_{14}）		7	7.5	8	9	>9
	悬浮物（C_{15}）	mg/L	<200	400	600	1 000	>1 000

（续表）

子子目标	单项指标	单位	再生水灌溉环境影响评价指标分级				
			未污染	轻污染	中度污染	重度污染	严重污染
对人或动物毒害性C_2	汞（C_{21}）	mg/L	<0.000 5	<0.000 625	<0.000 75	<0.000 875	>0.001
	铜（C_{22}）	mg/L	<0.01	0.05	1	1.5	>1.5
	锰（C_{23}）	mg/L	<0.05	0.05	0.1	1	>1
	铅（C_{24}）	mg/L	<0.01	<0.032 5	<0.055	<0.077 5	>0.077 5
	铬（C_{25}）	mg/L	<0.01	<0.032 5	<0.055	<0.077 5	>0.077 5
	镉（C_{26}）	mg/L	<0.01	<0.032 5	<0.055	<0.077 5	>0.077 5
	硝态氮（C_{27}）	mg/L	<5	<11.25	<17.5	<23.75	>23.75
生物污染C_3	总大肠杆菌（C_{31}）	个/L	3	3	3	100	>100

8.8 评价指标数据

在对河南某污灌区进行调查的基础上，结合本研究田间试验数据，得到各单项指标的数值见表8-14。

表8-14 各目标中单项指标的实测值

子子目标	单项指标	单位	实测值
土壤理化性质A_1	钾离子（A_{11}）	mg/kg	9.30
	钠离子（A_{12}）	mg/kg	192.65
	钙离子（A_{13}）	mg/kg	30.25
	镁离子（A_{14}）	mg/kg	30.30
	pH值（A_{18}）		7.5
土壤毒害性A_2	汞（A_{21}）	mg/kg	0.021 74
	铜（A_{22}）	mg/kg	28.978 62
	锌（A_{23}）	mg/kg	91.50

（续表）

子子目标	单项指标	单位	实测值
土壤毒害性A$_2$	铅（A$_{24}$）	mg/kg	9.866 607
	镉（A$_{25}$）	mg/kg	0.106 317
	铬（A$_{26}$）	mg/kg	0.157 591
农作物污染物累积 B$_1$	铅（B$_{11}$）	mg/kg	未检出
	镉（B$_{12}$）	mg/kg	0.044
	砷（B$_{13}$）	mg/kg	0.023
	铬（B$_{14}$）	ug/kg	未检出
作物生长B$_2$	铅（B$_{21}$）	mg/kg	未检出
	镉（B$_{22}$）	mg/kg	0.044
	砷（B$_{23}$）	mg/kg	0.023
	铬（B$_{24}$）	mg/kg	未检出
作物品质B$_3$	粗蛋白质（B$_{31}$）	%	17.29
	总磷（B$_{32}$）	%	0.39
	钾（B$_{33}$）	%	0.38
	淀粉（B$_{34}$）	%	52.73
地下水常规理化指标 C$_1$	色度（C$_{11}$）	度	2.8
	氨氮（C$_{12}$）	mg/L	0.21
	总硬度（C$_{13}$）	mg/L	800
	pH值（C$_{14}$）		7.84
	悬浮物（C$_{15}$）	mg/L	300
对人或动物毒害性C$_2$	汞（C$_{21}$）	mg/L	0.000 4
	铜（C$_{22}$）	mg/L	0.005 175
	锰（C$_{23}$）	mg/L	0.092 55
	铅（C$_{24}$）	mg/L	0.001 15
	铬（C$_{25}$）	mg/L	0.002 05
	镉（C$_{26}$）	mg/L	0.000 476
	硝态氮（C$_{27}$）	mg/L	11.336 8
生物污染C$_3$	总大肠杆菌（C$_{31}$）	个/L	2.3

8.9　评价矩阵的建立

建立评价矩阵（R）的关键是构造合理的隶属函数，通过隶属函数，将指标数据影射到评价矩阵中。隶属函数应该满足以下几个条件。

一是首尾两个评价等级的隶属函数应该是单调的，中间等级的隶属函数应该是钟形或梯形的。

二是相邻两个等级的隶属函数必须是交叉的，这样才能体现"亦此亦彼"的模糊集的概念，但不相邻的两个等级之间的隶属函数应该交叉。

三是任何一个单位某一项指标对不同评价等级的隶属程度之和应为1，这才符合模糊隶属度的概念。

四是任何一个等级都必须存在一个点或区域，使其隶属函数值为1。

基于以上条件，构造了如下评价等级的隶属函数。

递增型指标隶属函数

$$\mu_{v1}(u_i) = \begin{cases} 0.5\left(1 + \dfrac{u_i - k_1}{u_i - k_2}\right), u_i \geq k_1 \\[2mm] 0.5\left(1 - \dfrac{k_1 - u_i}{k_1 - k_2}\right), k_2 \leq u_i < k_1 \\[2mm] 0, u_i < k_2 \end{cases} \qquad (8\text{-}3)$$

$$\mu_{v2}(u_i) = \begin{cases} 0.5\left(1 - \dfrac{u_i - k_1}{u_i - k_2}\right), u_i \geq k_1 \\[2mm] 0.5\left(1 + \dfrac{k_1 - u_i}{k_1 - k_2}\right), k_2 \leq u_i < k_1 \\[2mm] 0.5\left(1 + \dfrac{u_i - k_3}{k_2 - k_3}\right), k_3 \leq u_i < k_2 \\[2mm] 0.5\left(1 - \dfrac{k_3 - u_i}{k_3 - k_4}\right), k_4 \leq u_i < k_3 \\[2mm] 0, u_i < k_4 \end{cases} \qquad (8\text{-}4)$$

$$\mu_{v3}(u_i) = \begin{cases} 0, u_i \geqslant k_2 \\ 0.5\left(1 - \dfrac{u_i - k_3}{k_2 - k_3}\right), k_3 \leqslant u_i < k_2 \\ 0.5\left(1 + \dfrac{k_3 - u_i}{k_3 - k_4}\right), k_4 \leqslant u_i < k_3 \\ 0.5\left(1 + \dfrac{u_i - k_5}{k_4 - k_5}\right), k_5 \leqslant u_i < k_4 \\ 0.5\left(1 - \dfrac{k_5 - u_i}{k_5 - k_6}\right), k_6 \leqslant u_i < k_5 \\ 0, u_i < k_6 \end{cases} \qquad (8-5)$$

$$\mu_{v4}(u_i) = \begin{cases} 0, u_i \geqslant k_4 \\ 0.5\left(1 - \dfrac{u_i - k_5}{k_4 - k_5}\right), k_5 \leqslant u_i < k_4 \\ 0.5\left(1 + \dfrac{k_5 - u_i}{k_5 - k_6}\right), k_6 \leqslant u_i < k_5 \\ 0.5\left(1 + \dfrac{u_i - k_7}{k_6 - k_7}\right), k_7 \leqslant u_i < k_6 \\ 0.5\left(1 - \dfrac{k_7 - u_i}{k_6 - u_i}\right), u_i < k_7 \end{cases} \qquad (8-6)$$

$$\mu_{v4}(u_i) = \begin{cases} 0, u_i \geqslant k_6 \\ 0.5\left(1 - \dfrac{u_i - k_7}{k_6 - k_7}\right), k_7 \leqslant u_i < k_6 \\ 0.5\left(1 + \dfrac{k_7 - u_i}{k_6 - u_i}\right), u_i < k_7 \end{cases} \qquad (8-7)$$

递减型指标隶属函数

$$\mu_{v1}(u_i) = \begin{cases} 0.5\left(1+\dfrac{u_i-k_1}{u_i-k_2}\right), u_i < k_1 \\[3mm] 0.5\left(1-\dfrac{u_i-k_1}{k_2-k_1}\right), k_1 \leqslant u_i < k_2 \\[6mm] 0, u_i \geqslant k_2 \end{cases} \qquad (8\text{-}8)$$

$$\mu_{v2}(u_i) = \begin{cases} 0.5\left(1-\dfrac{k_1-u_i}{k_2-u_i}\right), u_i < k_1 \\[3mm] 0.5\left(1+\dfrac{u_i-k_1}{k_2-k_1}\right), k_1 \leqslant u_i < k_2 \\[3mm] 0.5\left(1+\dfrac{k_3-u_i}{k_3-k_2}\right), k_2 \leqslant u_i < k_3 \\[3mm] 0.5\left(1-\dfrac{u_i-k_3}{k_4-k_3}\right), k_3 \leqslant u_i < k_4 \\[3mm] 0, u_i \geqslant k_4 \end{cases} \qquad (8\text{-}9)$$

$$\mu_{v3}(u_i) = \begin{cases} 0, u_i < k_2 \\[3mm] 0.5\left(1-\dfrac{k_3-u_i}{k_3-k_2}\right), k_2 \leqslant u_i < k_3 \\[3mm] 0.5\left(1+\dfrac{u_i-k_3}{k_4-k_3}\right), k_3 \leqslant u_i < k_4 \\[3mm] 0.5\left(1+\dfrac{k_5-u_i}{k_5-k_4}\right), k_4 \leqslant u_i < k_5 \\[3mm] 0.5\left(1-\dfrac{u_i-k_5}{k_6-k_5}\right), k_5 \leqslant u_i < k_6 \\[3mm] 0, u_i \geqslant k_6 \end{cases} \qquad (8\text{-}10)$$

$$\mu_{v4}(u_i) = \begin{cases} 0, u_i < k_4 \\ 0.5\left(1 - \dfrac{k_5 - u_i}{k_5 - k_4}\right), k_4 \leqslant u_i < k_5 \\ 0.5\left(1 + \dfrac{u_i - k_5}{k_6 - k_5}\right), k_5 \leqslant u_i < k_6 \\ 0.5\left(1 + \dfrac{k_7 - u_i}{k_7 - k_6}\right), k_6 \leqslant u_i < k_7 \\ 0.5\left(1 - \dfrac{u_i - k_7}{u_i - k_6}\right), u_i \geqslant k_7 \end{cases} \quad (8\text{-}11)$$

$$\mu_{v4}(u_i) = \begin{cases} 0, u_i < k_6 \\ 0.5\left(1 - \dfrac{k_7 - u_i}{k_7 - k_6}\right), k_6 \leqslant u_i < k_7 \\ 0.5\left(1 + \dfrac{u_i - k_7}{k_i - k_6}\right), u_i \geqslant k_7 \end{cases} \quad (8\text{-}12)$$

式中：k_1——分级标准v_1与v_2之间的临界值；

$\quad\quad k_3$——分级标准v_2与v_3之间的临界值；

$\quad\quad k_5$——分级标准v_3与v_4之间的临界值；

$\quad\quad k_7$——分级标准v_4与v_5之间的临界值；

$\quad\quad k_2$——（k_1+k_3）/2

$\quad\quad k_4$——（k_3+k_5）/2

$\quad\quad k_6$——（k_5+k_7）/2

按照上述隶属函数，求得各级指标对5个评价等级的隶属度矩阵见表8-15。

表8-15　单项指标隶属度计算结果

子子目标	单项指标	单位	再生水灌溉环境影响评价指标体系				
			未污染	轻污染	中度污染	重度污染	严重污染
土壤安全性 土壤理化性质A₁	pH值（A₁₈）		0.000	0.500	0.500	0.000	0.000
土壤毒害性A₂	汞（A₂₁）	mg/kg	0.687	0.313	0.000	0.000	0.000
	铜（A₂₂）	mg/kg	0.635	0.365	0.000	0.000	0.000
	锌（A₂₃）	mg/kg	0.573	0.427	0.000	0.000	0.000
	铅（A₂₄）	mg/kg	0.621	0.379	0.000	0.000	0.000
	镉（A₂₅）	mg/kg	0.659	0.341	0.000	0.000	0.000
	铬（A₂₆）	mg/kg	0.846	0.154	0.000	0.000	0.000
农作物安全性 污染物在农作物中累积B₁	铅（B₁₁）	mg/kg	0.838	0.162	0.000	0.000	0.000
	镉（B₁₂）	mg/kg	0.563	0.437	0.000	0.000	0.000
	砷（B₁₃）	mg/kg	0.794	0.206	0.000	0.000	0.000
	铬（B₁₄）	mg/kg	0.745	0.255	0.000	0.000	0.000
作物生长B₂	铅（B₂₁）	mg/kg	0.838	0.162	0.000	0.000	0.000
	镉（B₂₂）	mg/kg	0.563	0.437	0.000	0.000	0.000
	砷（B₂₃）	mg/kg	0.792	0.208	0.000	0.000	0.000
	铬（B₂₄）	mg/kg	0.745	0.255	0.000	0.000	0.000
作物品质B₃	粗蛋白质（B₃₁）	%	0.951	0.049	0.000	0.000	0.000
	淀粉（B₃₄）	%	0.980	0.020	0.000	0.000	0.000
地下水安全性 地下水常规理化指标C₁	色度（C₁₁）	度	0.593	0.407	0.000	0.000	0.000
	氨氮（C₁₂）	mg/L	0.000	0.000	0.917	0.083	0.000
	总硬度（C₁₃）	mg/L	0.000	0.700	0.300	0.000	0.000
	pH值（C₁₄）		0.000	0.000	0.820	0.180	0.000
	悬浮物（C₁₅）	mg/L	0.000	1.000	0.000	0.000	0.000

（续表）

	子子目标	单项指标	单位	再生水灌溉环境影响评价指标体系				
				未污染	轻污染	中度污染	重度污染	严重污染
地下水安全性	对人或动物有毒害性C_2	汞（C_{21}）	mg/L	0.808	0.192	0.000	0.000	0.000
		铜（C_{22}）	mg/L	0.597	0.403	0.000	0.000	0.000
		锰（C_{23}）	mg/L	0.000	0.000	0.649	0.351	0.000
		铅（C_{24}）	mg/L	0.720	0.280	0.000	0.000	0.000
		铬（C_{25}）	mg/L	0.707	0.293	0.000	0.000	0.000
		镉（C_{26}）	mg/L	0.729	0.271	0.000	0.000	0.000
		硝态氮（C_{27}）	mg/L	0.000	0.486	0.514	0.000	0.000
	生物污染C_3	总大肠杆菌（C_{31}）	个/L	1.000	0.000	0.000	0.000	0.000

8.10 模糊合成值计算

根据上述评价模型，计算得到的各分项指标和综合指标的模糊合成值见表8-16至表8-18。

表8-16 子子目标模糊合成值计算结果

子子目标	未污染	轻污染	中度污染	重度污染	严重污染
土壤理化性质	0.000	0.500	0.500	0.000	0.000
土壤毒害性	0.666	0.334	0.000	0.000	0.000
农作物污染物累积	0.709	0.291	0.000	0.000	0.000
作物生长	0.687	0.313	0.000	0.000	0.000
作物品质	0.965	0.035	0.000	0.000	0.000
地下水常规理化指标	0.170	0.359	0.422	0.050	0.000
对人或动物毒害性	0.414	0.267	0.245	0.074	0.000
生物污染	1.000	0.000	0.000	0.000	0.000

表8-17 子目标模糊合成值计算结果

子目标	未污染	轻污染	中度污染	重度污染	严重污染
土壤安全性	0.446	0.389	0.165	0.000	0.000
农作物安全性	0.816	0.184	0.000	0.000	0.000
地下水安全性	0.568	0.193	0.193	0.045	0.000

表8-18 总目标模糊合成值计算结果

总目标	未污染	轻污染	中度污染	重度污染	严重污染
	0.643	0.229	0.110	0.018	0.000

从上述计算结果可知，根据最大隶属度原则，污灌区除地下水常规理化指标及土壤理化性质属于轻度污染级别以外，其他子目标都属于未污染级别，土壤、农作物和地下水均未造成污染。

8.11 再生水灌溉环境评价系统开发

本系统采用Borland Delphi 7编写。

8.11.1 评价程序结构功能

评价程序结构功能见图8-3。

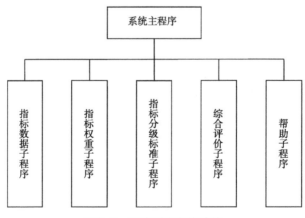

图8-3 评价程序结构功能

8.11.2 评价程序流程

评价程序流程见图8-4。

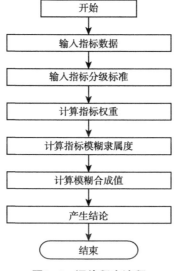

图8-4 评价程序流程

8.11.3 评价程序界面

8.11.3.1 主程序界面

主程序界面见图8-5。

图8-5 主程序界面

8.11.3.2 指标分级标准界面

指标分级标准界面见图8-6。

指标分级标准 - 污水灌溉环境模糊综合评价

指标分级标准

关闭

指标		分级标准临界值			
名称	类型	未污染	未污染-轻度污染	轻度污染-中度污染	中度污染-重度污染
土壤理化性质					
pH值	递减	7	7.5	8	9
土壤毒害性质					
汞	递减	0.15	0.58	1	1.25
铜	递减	35	67.5	100	250
锌	递减	100	200	300	400
铅	递减	35	193	350	425
镉	递减	0.2	0.6	1	1.3
铬	递减	90	170	250	275
农作物累积污染物					
铅	递减	0.332	0.65	1	1.5
镉	递减	0.048	0.103	0.198	0.299
砷	递减	0.126	0.27	0.42	0.56
铬	递减	0.046	0.142	0.346	0.448
阻碍作物生长					
铅	递减	0.332	0.65	1	1.5
镉	递减	0.048	0.103	0.198	0.299
砷	递减	0.125	0.27	0.42	0.56
铬	递减	0.046	0.142	0.346	0.448
影响作物品质					
粗蛋白质	递减	15	14.5	14	12
淀粉	递减	35	33.5	32	25
地下水常规理化指标					
色度	递减	3	4.75	6.5	9.75
氨氮	递减	0.02	0.14	0.26	0.38
总硬度	递减	500	875	1250	1625
pH值	递减	7	7.5	8	9
悬浮物	递减	200	400	600	1000
对人或动物有毒害作用					
汞	递减	0.0005	0.000625	0.00075	0.000875
铜	递减	0.01	0.05	1	1.5
锰	递减	0.05	0.05	0.1	1
铅	递减	0.01	0.0325	0.055	0.0775
铬	递减	0.01	0.0325	0.055	0.0775
镉	递减	0.01	0.0325	0.055	0.0775
硝态氮	递减	5	11.25	17.5	23.75
生物污染					
大肠杆菌	递减	3	3	3	100

图8-6 指标分级标准界面

8.11.3.3 指标权重界面

指标权重界面见图8-7。

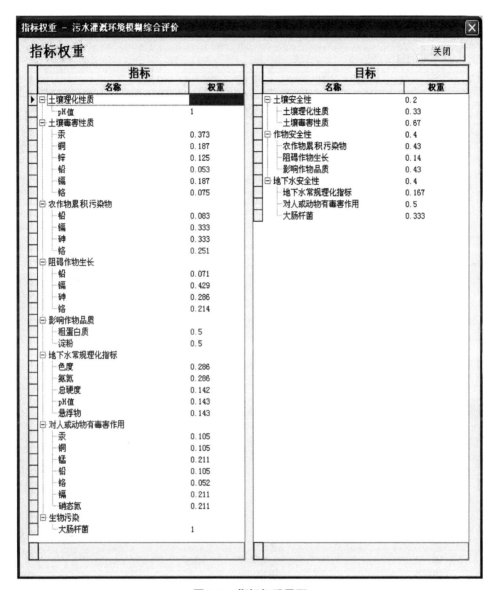

图8-7 指标权重界面

8.11.3.4 指标数值界面

指标数值界面见图8-8。

指标数值 - 污水灌溉环境模糊综合评价

指标数值 　　　　　　　　　　　　　　　　　　关闭

指标			
名称	类型	单位	数值
□土壤理化性质			
pH值	递减		7.5
□土壤毒害性质			
汞	递减	mg/kg	0.02174
铜	递减	mg/kg	28.97862
锌	递减	mg/kg	91.5
铅	递减	mg/kg	9.866607
镉	递减	mg/kg	0.106317
铬	递减	mg/kg	0.157591
□农作物累积污染物			
铅	递减	mg/kg	0
镉	递减	mg/kg	0.044
砷	递减	mg/kg	0.023
铬	递减	mg/kg	0
□阻碍作物生长			
铅	递减	mg/kg	0
镉	递减	mg/kg	0.044
砷	递减	mg/kg	0.023
铬	递减	mg/kg	0
□影响作物品质			
粗蛋白质	递减	%	17.29
淀粉	递减	%	52.73
□地下水常规理化指标			
色度	递减		2.8
氨氮	递减	mg/L	0.21
总硬度	递减		800
pH值	递减		7.84
悬浮物	递减		300
□对人或动物有毒害作用			
汞	递减	mg/L	0.0004
铜	递减	mg/L	0.005175
锰	递减	mg/L	0.09255
铅	递减	mg/L	0.00115
铬	递减	mg/L	0.00205
镉	递减	mg/L	0.000476
硝态氮	递减	mg/L	11.3368
□生物污染			
大肠杆菌	递减	个	2.3

图8-8　指标数值界面

8.11.3.5　综合评价结果界面

综合评价结果界面见图8-9。

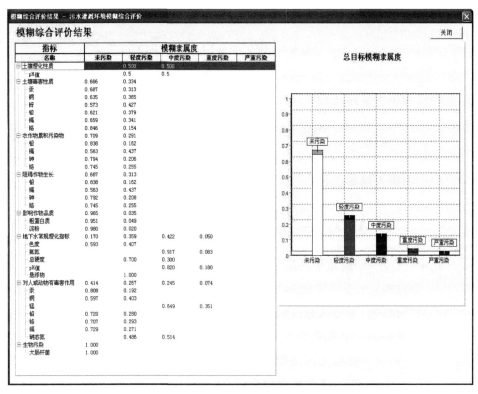

图8-9 综合评价结果界面

8.12 再生水灌溉土壤健康风险评估

环境健康风险评价包括4个基本步骤：一是危害鉴定，即明确所评价的污染要素的健康终点；二是剂量—反应关系，即明确暴露和健康效应之间的关系；三是暴露评价，包括人体接触的环境介质中污染物的浓度，以及人体与其接触的行为方式和特征，即暴露参数；四是风险表征，即综合分析剂量—反应和暴露评价的结果，得出风险值。目前国内外的健康风险评价方法主要分为化学致癌物风险评价模型和化学非致癌物风险评价模型两大类。依据国际通用的暴露剂量估算模型（USEPA），将致癌风险暴露途径划分为口食、经皮肤和经土壤暴露3种途径。

口食、经皮肤和经土壤等暴露途径下，暴露剂量估算模型详见式（8-13）至式（8-15）。

经口食摄入暴露途径：

$$ADD_v = \frac{CV \times CF \times IR \times FI \times EF \times ED}{BW \times AT} \quad (8-13)$$

经皮肤摄入暴露途径：

$$ADD_{sk} = \frac{CS \times AF \times SA \times ABS \times EF \times ED \times CF}{BW \times AT} \quad (8-14)$$

经土壤摄入暴露途径：

$$ADD_{sl} = \frac{CS \times IR' \times CF \times FI \times EF \times ED}{BW \times AT} \quad (8-15)$$

式中：CV——蔬菜中污染物浓度（mg/kg）；

CS——土壤中化学物质浓度（mg/kg）；

IR——日摄入量（kg/d）；

CF——转换因子（10^{-6}mg/kg）；

FI——被摄入污染源的比例，范围为0~1，按照风险不确定性原则，研究选取FI为1；

EF——暴露频率（d/年）；

ED——暴露持续时间（年）；

BW——人均体重（按成人和儿童分开计算）（kg）；

AT——平均接触时间（d）；

AF——皮肤黏附因子，成人和儿童分别计算（mg/cm^2）；

SA——皮肤接触面积（cm^2/d）；

ABS——皮肤对化学物质的吸收因子，取0.001；

IR'——摄取率（kg/d）。

关于致癌风险的评判标准，欧美等国家风险阈值存在量级差异，本研究选取最严格的阈值标准1.0×10^{-6}作为判别标准。

$$R_{cancer} = \sum_k \left[1 - \exp\left(ADI_k \times CSF_k\right)\right] \approx \sum_k ADI_k \times CSF_k \quad (8-16)$$

式中：ADI_k——经由暴露途径k的每日平均暴露量［mg/（kg·d）］；

CSF_k——暴露途径k的致癌斜率因子[（kg·d）/mg]。

对于非致癌效应表征采用参考剂量（reference dose，RfD），参考剂量是估计人类族群每天的暴露剂量，此暴露剂量在人类族群一生之中可能不会造成可察觉到有害健康的风险，其计算公式如下。

$$HI_i = HQ_v + HQ_{sk} + HQ_{sl} = \left(\frac{ADD_v}{RfD_v}\right) + \left(\frac{ADD_{sk}}{RfD_{sk}}\right) + \left(\frac{ADD_{sl}}{RfD_{sl}}\right) \quad （8-17）$$

式中：HI_i——第i种污染物的非致癌污染指数；

　　　HQ_v——经口食摄入暴露途径的非致癌风险商数；

　　　HQ_{sk}——经皮肤接触摄入暴露途径的非致癌风险商数；

　　　HQ_{sl}——土壤摄入暴露途径的非致癌风险商数；

　　　ADD——某一非致癌物在某种暴露途径下的暴露剂量；

　　　RfD——某一非致癌物在某种暴露途径下的参考剂量。

当HI和HQ小于1时，认为风险较小或可以忽略，反之，当HI和HQ大于1时，则认为存在潜在风险。

根据暴露输入途径（口食、皮肤和土壤摄入）计算公式，结合设施土壤重金属、pH值和EC等土壤中污染物浓度水平，Cd、Cr、pH值和EC 4种风险因子经不同输入途径可能引起目标群体的重金属摄入量计算结果详见表8-19。

表8-19　不同途径的土壤限制性指标暴露剂量估算值[mg/（kg·d）]

输入途径	对象	Cd	Cr	pH值	EC
经口食摄入	成人	2.062×10^{-11}	3.676×10^{-11}	2.241×10^{-9}	6.724×10^{-10}
	儿童	4.663×10^{-11}	8.313×10^{-11}	5.069×10^{-9}	1.521×10^{-9}
经皮肤摄入	成人	1.267×10^{-9}	1.456×10^{-7}	2.092×10^{-8}	3.737×10^{-9}
	儿童	4.074×10^{-10}	4.682×10^{-8}	6.727×10^{-9}	1.202×10^{-9}
经土壤摄入	成人	5.947×10^{-9}	6.835×10^{-7}	9.820×10^{-8}	1.754×10^{-8}
	儿童	3.865×10^{-8}	4.443×10^{-6}	6.383×10^{-7}	1.140×10^{-7}
地累积指数法	成人和儿童	0.102	-0.989	-0.435	0.138

由表8-19可以看出，3种途径土壤限制性指标非致癌日均暴露剂量大小顺序均为经土壤摄入途径ADD_{sl}>经皮肤摄入途径ADD_{sk}>经口食摄入途径ADD_v；与成人相比，儿童是易遭受限制性指标剂量暴露的人群。

综上，由表8-20、表8-21可知，土壤限制性指标致癌风险的途径主要为经土壤摄入途径和皮肤接触途径；成人限制性指标Cd、Cr、pH值和EC总非致癌风险商数分别为1.571×10^{-5}、1.202×10^{-3}、1.423×10^{-5}、2.705×10^{-6}，儿童限制性指标Cd、Cr、pH值和EC总非致癌风险商数分别为4.183×10^{-5}、3.202×10^{-3}、6.568×10^{-5}、1.451×10^{-5}，限制性指标总非致癌风险商数均小于1，依次为HQ_{Cr}>HQ_{Cd}>HQ_{pH}>HQ_{EC}，对人体基本不会造成非致癌健康危害，但儿童作为敏感群体，其非致癌风险商数接近于1。成人限制性指标Cd、Cr、pH值和EC总致癌风险分别为1.186×10^{-9}、2.022×10^{-8}、1.214×10^{-9}、2.195×10^{-10}，儿童限制性指标Cd、Cr、pH值和EC总致癌风险分别为6.411×10^{-9}、1.095×10^{-7}、6.501×10^{-9}、1.168×10^{-9}，对于成人和儿童群体接近国际认可的致癌风险限值1.0×10^{-6}，分别达到2.284×10^{-8}和1.236×10^{-7}，儿童群体致癌风险值为成人的5.41倍。

表8-20　典型土壤限制性指标的非致癌风险商数

项目	对象	经口食摄入	经皮肤摄入	经土壤摄入	HI
HQ_{Cd}	成人	2.062×10^{-8}	9.743×10^{-6}	5.947×10^{-6}	1.571×10^{-5}
	儿童	4.663×10^{-8}	3.134×10^{-6}	3.865×10^{-5}	4.183×10^{-5}
HQ_{Cr}	成人	2.450×10^{-8}	7.466×10^{-4}	4.557×10^{-4}	1.202×10^{-3}
	儿童	5.542×10^{-8}	2.401×10^{-4}	2.962×10^{-3}	3.202×10^{-3}
HQ_{pH}	成人	2.241×10^{-7}	4.183×10^{-6}	9.820×10^{-6}	1.423×10^{-5}
	儿童	5.069×10^{-7}	1.345×10^{-6}	6.383×10^{-5}	6.568×10^{-5}
HQ_{EC}	成人	4.483×10^{-8}	4.671×10^{-7}	2.193×10^{-6}	2.705×10^{-6}
	儿童	1.014×10^{-7}	1.502×10^{-7}	1.425×10^{-5}	1.451×10^{-5}

表8-21　典型土壤限制性指标的致癌风险值

项目	对象	HQ_v	HQ_{sk}	HQ_{sl}	$\sum R$
R_{Cd}	成人	3.380×10^{-12}	2.076×10^{-10}	9.748×10^{-10}	1.186×10^{-9}
	儿童	7.645×10^{-12}	6.678×10^{-11}	6.336×10^{-9}	6.411×10^{-9}
R_{Cr}	成人	8.965×10^{-13}	3.551×10^{-9}	1.667×10^{-8}	2.022×10^{-8}
	儿童	2.027×10^{-12}	1.142×10^{-9}	1.084×10^{-7}	1.095×10^{-7}
R_{pH}	成人	2.241×10^{-11}	2.092×10^{-10}	9.820×10^{-10}	1.214×10^{-9}
	儿童	5.069×10^{-11}	6.727×10^{-11}	6.383×10^{-9}	6.501×10^{-9}
R_{EC}	成人	6.724×10^{-12}	3.737×10^{-11}	1.754×10^{-10}	2.195×10^{-10}
	儿童	1.521×10^{-11}	1.202×10^{-11}	1.140×10^{-9}	1.168×10^{-9}

8.13　本章结论

本章在污灌区调查及综合分析再生水灌溉田间试验的基础上，采用模糊综合评价分析方法，建立了再生水灌溉环境评价指标体系，开发出了配套的计算机软件。实例评价结果表明，污灌区除地下水常规理化指标及土壤理化性质属于轻度污染级别以外，其他子子目标都属于未污染级别，土壤、农作物和地下水均未造成污染。

采用暴露剂量估算模型对再生水灌溉典型土壤健康风险进行评估，结果表明Cd、Cr、pH值和EC 4种土壤限制性指标的致癌风险的途径主要为经土壤摄入途径和皮肤接触途径；4种限制性指标总非致癌风险商数均小于1，依次为$HQ_{Cr}>HQ_{Cd}>HQ_{pH}>HQ_{EC}$，但儿童作为敏感群体，其非致癌风险商数HI达到$3.324 \times 10^{-3}$，为成人的2.69倍；4种限制性指标总致癌风险R对儿童和成人分别达到1.236×10^{-7}、2.284×10^{-8}，儿童作为敏感群体其总致癌风险为成人的5.41倍。

参考文献

巴德里·法塔拉，2002. 再生水再利用的综合风险评估[J]. 水利水电快报，23（18）：31-32.

白保勋，沈植国，2014. 生活污水灌溉对土壤微生物区系的影响[J]. 福建林业科技，41（2）：42-46.

包翔，包秀霞，刘星岑，2015. 施氮量对大兴安岭白桦次生林土壤氮矿化的影响[J]. 东北林业大学学报，43（7）：78-83.

鲍士旦，2000. 土壤农化分析[M]. 第三版. 北京：中国农业出版社.

边雪廉，赵文磊，岳中辉，等，2016. 土壤酶在农业生态系统碳、氮循环中的作用研究进展[J]. 中国农学通报，32（4）：171-178.

蔡宣梅，张秋芳，郑伟文，2004. VA菌根菌与重氮营养醋杆菌双接种对超甜玉米生长的影响[J]. 福建农业学报，19（3）：156-159.

曹靖，贾红磊，徐海燕，等，2008. 干旱区污灌农田土壤Cu、Ni复合污染与土壤酶活性的关系[J]. 农业环境科学学报，27（5）：1809-1814.

曹巧红，龚元石，2003. 应用Hydrus-1D模型模拟分析冬小麦农田水分氮素运移特征[J]. 植物营养与肥料学报，9（2）：139-145.

陈春瑜，和树庄，胡斌，等，2012. 土地利用方式对滇池流域土壤养分时空分布的影响[J]. 应用生态学报，23（10）：2677-2684.

陈俊英，柴红阳，GILLERMAN L，等，2018. 再生水水质对斥水和亲水土壤水分特征曲线的影响[J]. 农业工程学报，34（11）：121-127.

陈宁，孙凯宁，王克安，等，2016. 不同灌溉方式对茄子栽培土壤微生物数量和土壤酶活性的影响[J]. 土壤通报，47（6）：1380-1385.

陈卫平，2011. 美国加州再生水利用经验剖析及对我国的启示[J]. 环境工程学报（5）：961-966.

陈卫平，吕斯丹，张炜铃，等，2014. 再生（污）水灌溉生态风险与可持续利用[J].生态学报,34(1):163-172.

陈卫平,张炜铃,潘能,等,2012.再生水灌溉利用的生态风险研究进展[J].环境科学,33(12):4070-4080.

陈卫平,吕斯丹,王美娥,等,2013.再生水回灌对地下水水质影响研究进展[J].应用生态学报,24(5):1253-1262.

陈晓东,常文越,冯晓斌,等,2002.沈抚灌区土壤生态恢复途径初步研究[J].环境保护科学(2):33-35.

程先军,2003.再生水资源灌溉利用分析[J].中国水利(6):35-37.

程先军,许迪,2012.碳含量对再生水灌溉土壤氮素迁移转化规律的影响[J].农业工程学报,28(14):85-90.

崔德杰,张玉龙,2004.土壤重金属污染现状与修复技术研究进展[J].土壤通报,35(3):366-370.

丁光晔,樊贵盛,张艳,2015.山西省汾河再生水灌区土壤重金属污染及分布特征[J].灌溉排水学报,34(2):53-55.

丁妍,2007.应用DSSAT模型评价土壤硝态氮淋洗风险——以北京大兴区为例[D].北京:中国农业大学.

董亚楠,哈欢,汪鹏,等,2005.开封市惠济河流域再生水灌溉研究[J].中国农村水利水电(6):22-23.

杜娟,范瑜,钱新,2011.再生水灌溉对土壤中重金属形态及分布的影响[J].环境污染与防治,33(9):58-65.

段飞舟,高吉喜,何江,等,2005.灌溉水质对污灌区土壤重金属含量的影响分析[J].农业环境科学学报,24(3):450-455.

段小丽,2012.暴露参数的研究方法及其在环境健康风险评价中的应用[M].北京:科学出版社.

樊向阳,齐学斌,黄仲东,等,2006.土壤氮素运移转化机理研究现状与展望[J].中国农学通报(3):254-258.

樊晓刚,金轲,李兆君,等,2010.不同施肥和耕作制度下土壤微生物多样性研究进展[J].植物营养与肥料学报,16(3):744-751.

冯绍元,张瑜芳,沈荣开,1996.非饱和土壤中氮素运移与转化试验及其数值模拟[J].水利学报,6(8):8-15.

冯绍元，齐志明，黄冠华，等，2003. 清、再生水灌溉对冬小麦生长发育影响的田间试验研究[J]. 灌溉排水学报，22（3）：12-15.

冯绍元，齐志明，黄冠华，等，2003. 重金属在夏玉米作物体中残留特征的田间试验研究[J]. 灌溉排水学报，22（6）：9-13.

冯绍元，邵洪波，黄冠华，2002. 重金属在小麦作物体中残留特征的田间试验研究[J]. 农业工程学报，18（4）：113-115.

符建国，贾志红，沈宏，2012. 植烟土壤酶活性对连作的响应及其与土壤理化特性的相关性研究[J]. 安徽农业科学，40（11）：6471-6473.

串丽敏，赵同科，安志装，等，2010. 土壤硝态氮淋溶及氮素利用研究进展[J]. 中国农学通报，26（11）：200-205.

高兵，李俊良，陈清，等，2009. 设施栽培条件下番茄适宜的氮素管理和灌溉模式[J]. 中国农业科学，42（6）：2034-2042.

高洪阁，高宗军，李白英，等，2002. 污灌区与非污灌区的地下水主要水质指标变化趋势及对比研究[J]. 环境污染治理技术与设备，3（6）：25-28.

龚雪，王继华，关健飞，等，2014. 再生水灌溉对土壤化学性质及可培养微生物的影响[J]. 环境科学，35（9）：3572-3579.

关松荫，1986. 土壤酶及其研究法[M]. 北京：中国农业出版社.

郭魏，2016. 再生水灌溉对氮素生物有效性影响的微生物机制[D]. 北京：中国农业科学院.

郭魏，齐学斌，李中阳，等，2015. 不同施氮水平下再生水灌溉对土壤微环境的影响[J]. 水土保持学报，29（3）：311-315，319.

郭逍宇，董志，宫辉力，2006. 再生水灌溉对草坪土壤微生物群落的影响[J]. 中国环境科学，26（4）：482-485.

郭逍宇，董志，宫辉力，等，2006. 再生水对作物种子萌发、幼苗生长及抗氧化系统的影响[J]. 环境科学学报，26（8）：1337-1342.

郭晓明，马腾，崔亚辉，等，2012. 污灌时间对土壤肥力及土壤酶活性的影响[J]. 农业环境科学学报，31（4）：750-756.

韩烈保，周陆波，甘一萍，等，2006. 再生水灌溉对草坪土壤微生物的影响[J]. 北京林业大学学报，28（S1）：73-77.

韩晓日，邹德乙，郭鹏程，等，1996. 长期施肥条件下土壤生物量氮的动态及其调控氮素营养的作用[J]. 植物营养与肥料学报，2（1）：16-22.

郝华，2004. 中国城市地下水污染状况与对策研究[J]. 水利发展研究（3）：23-25.

郝杰，常智慧，段小春，2016. 草坪再生水灌溉挥发性有机物健康风险研究[J]. 草原与草坪，36（3）：60-66.

何飞飞，任涛，陈清，等，2008. 日光温室蔬菜的氮素平衡及施肥调控潜力分析[J]. 植物营养与肥料学报，14（4）：692-699.

何江涛，金爱芳，陈素暖，等，2010. 北京东南郊再生水灌区土壤PAHs污染特征[J]. 农业环境科学学报，29（4）：666-673.

何其辉，谭长银，曹雪莹，等，2018. 肥料对土壤重金属有效态及水稻幼苗重金属积累的影响[J]. 环境科学研究，31（5）942-951.

何亚婷，齐玉春，董云社，等，2010. 外源氮输入对草地土壤微生物特性影响的研究进展[J]. 地球科学进展，25（8）：877-885.

何艺，谢志成，朱琳，2008. 不同类型水浇灌对已污染土壤酶及微生物量碳的影响[J]. 农业环境科学学报，27（6）：2227-2232.

贺纪正，张丽梅，2013. 土壤氮素转化的关键微生物过程及机制[J]. 微生物学通报，40（1）：98-108.

侯海军，秦红灵，陈春兰，等，2014. 土壤氮循环微生物过程的分子生态学研究进展[J]. 农业现代化研究，35（5）：588-594.

侯晓杰，汪景宽，李世朋，2007. 不同施肥处理与地膜覆盖对土壤微生物群落功能多样性的影响[J]. 生态学报，27（2）：655-661.

胡超，李平，樊向阳，等，2013. 减量追氮对再生水灌溉设施番茄产量及品质的影响[J]. 灌溉排水学报，32（5）：106-108.

胡雅琪，吴文勇，2018. 中国农业非常规水资源灌溉现状与发展策略[J]. 中国工程科学，20（5）：69-76.

胡焱，2005. 再生水灌溉对土壤环境的污染及对策[J]. 山西水利科技（2）：59-61.

黄东迈，朱培立，1994. 土壤氮激发效应的探讨[J]. 中国农业科学，27（4）：45-52.

黄冠华，查贵锋，冯绍元，等，2004. 冬小麦再生水灌溉时水分与氮素利用效率的研究[J]. 农业工程学报，20（1）：65-68.

黄冠华，杨建国，黄权中，2002. 污水灌溉对草坪土壤与植株氮含量影响的试验研究[J]. 农业工程学报（3）：22-25.

黄冠星，孙继朝，张玉玺，等，2010. 珠江三角洲典型区水土中铅的分布特征[J]. 环境科学研究，23（2）：138-143.

黄绍文，王玉军，金继运，等，2011. 我国主要菜区土壤盐分、酸碱性和肥力状况[J]. 植物营养与肥料学报，17（4）：906-918.

黄爽，张仁铎，程晓如，等，2004. 污灌区重金属和石油类环境影响评价[J]. 武汉大学学报（工学版），3（1）：41-54.

黄修桥，2005. 灌溉用水需求分析与节水灌溉发展研究[D]. 杨凌：西北农林科技大学.

黄元仿，李韵珠，陆锦文，1996. 田间条件下土壤氮素运移的模拟模型 I [J]. 水利学报（6）：9-14.

黄元仿，李韵珠，陆锦文，1996. 田间条件下土壤氮素运移的模拟模型 II：田间检验与应用[J]. 水利学报（6）：15-23.

黄占斌，苗战霞，侯利伟，等，2007. 再生水灌溉时期和方式对作物生长及品质的影响[J]. 农业环境科学学报，26（6）：2257-2261.

姜翠玲，夏自强，1997. 污水灌溉土壤及地下水三氮的变化动态分析[J]. 水科学进展，8（2）：183-188.

姜翠玲，夏自强，刘凌，等，1997. 再生水灌溉土壤及地下水三氮的变化动态分析[J]. 水科学进展，8（2）：183-188.

焦志华，黄占斌，李勇，等，2010. 再生水灌溉对土壤性能和土壤微生物的影响研究[J]. 农业环境科学学报，29（2）：319-323.

景若瑶，崔二苹，樊向阳，等，2019. 不同钾肥对再生水灌溉条件下土壤—作物系统Cd的影响[J]. 水土保持学报，33（1）：329-333.

巨晓棠，李生秀，1998. 土壤氮素矿化的温度水分效应[J]. 植物营养与肥料学报，4（1）：37-42.

康绍忠，2014. 水安全与粮食安全[J]. 中国生态农业学报（8）：880-885.

亢连强，齐学斌，马耀光，等，2007. 不同地下水埋深条件下再生水灌溉对冬小麦生长影响的试验研究[J]. 农业工程学报，23（6）：95-100.

亢连强，齐学斌，马耀光，等，2007. 地下水埋深对再生水灌溉的夏玉米生长影响[J]. 灌溉排水学报，26（5）：20-25.

李保国，胡克林，黄元仿，等，2005. 土壤溶质运移模型的研究及应用[J]. 土壤，37（4）：345-352.

李波，任树梅，张旭，等，2007. 再生水灌溉对番茄品质、重金属含量以及土壤的影响研究[J]. 水土保持学报，21（2）：163-165.

李博，徐炳声，陈家宽，2001. 从上海外来杂草区系剖析植物入侵的一般特征[J]. 生物多样性，9（4）：446-457.

李法虎，BENHUR M，KEREN R，2003. 劣质水灌溉对土壤盐碱化及作物产量的影响[J]. 农业工程学报，19（1）：63-66.

李粉茹，于群英，邹长明，2009. 设施菜地土壤pH值、酶活性和氮磷养分含量的变化[J]. 农业工程学报，25（1）：217-222.

李阜棣，喻子牛，何绍江，1996. 农业微生物学实验技术[M]. 北京：中国农业出版社.

李刚，王丽娟，李玉洁，等，2013. 呼伦贝尔沙地不同植被恢复模式对土壤固氮微生物多样性的影响[J]. 应用生态学报，24（6）：1639-1646.

李贵才，韩兴国，黄建辉，等，2001. 森林生态系统土壤氮矿化影响因素研究进展[J]. 生态学报（7）：1187-1195.

李合生，2000. 植物生理生化实验原理和技术[M]. 北京：高等教育出版社.

李洪良，2007. 农田再生水灌溉的污染风险分析研究[D]. 南京：河海大学.

李慧，陈冠雄，杨涛，等，2005. 沈抚灌区含油污水灌溉对稻田土壤微生物种群及土壤酶活性的影响[J]. 应用生态学报，16（7）：1355-1359.

李久生，栗岩峰，赵伟霞，2015. 喷灌与微灌水肥高效安全利用原理[M]. 北京：中国农业出版社.

李昆，魏源送，王健行，等，2014. 再生水回用的标准比较与技术经济分析[J]. 环境科学学报，34（7）：1635-1653.

李佩成，刘俊民，魏晓妹，等，1999. 黄土原灌区三水转化机理及调控研究[M]. 西安：陕西科学技术出版社.

李平，2007. 不同潜水埋深污水灌溉氮素运移试验研究[D]. 北京：中国农业科学院.

李平, 2018. 再生水灌溉对设施土壤氮素转化及生境影响研究[D]. 西安: 西安理工大学.

李平, 胡超, 樊向阳, 等, 2013. 减量追氮对再生水灌溉设施番茄根层土壤氮素利用的影响[J]. 植物营养与肥料学报, 19(4): 972-979.

李平, 齐学斌, 樊向阳, 等, 2009. 分根区交替灌溉对马铃薯水氮利用效率的影响[J]. 农业工程学报, 25(6): 92-95.

李平, 樊向阳, 齐学斌, 等, 2013a. 加氯再生水交替灌溉对土壤氮素残留和马铃薯大肠菌群影响[J]. 中国农学通报, 29(7): 82-87.

李平, 庞鸿宾, 齐学斌, 等, 2007. 再生水灌溉条件下不同地下水埋深对氮素运移影响研究[J]. 灌溉排水学报, 26(3): 1-5.

李天来, 2016. 我国设施蔬菜科技与产业发展现状及趋势[J]. 中国农村科技(5): 75-77.

李文军, 杨奇勇, 杨基峰, 等, 2017. 长期施肥下洞庭湖水稻土氮素矿化及其温度敏感性研究[J]. 农业机械学报, 48(11): 261-270.

李晓娜, 武菊英, 孙文元, 等, 2011. 再生水灌溉对苜蓿、白三叶生长及品质的影响[J]. 草地学报, 19(3): 463-467.

李晓娜, 武菊英, 孙文元, 等, 2012. 再生水灌溉对饲用小黑麦品质的影响[J]. 麦类作物学报, 32(3): 460-464.

李阳, 王文全, 吐尔逊·吐尔洪, 2015. 再生水灌溉对葡萄叶片抗氧化酶和土壤酶的影响[J]. 植物生理学报, 51(3): 295-301.

李勇, 2005. 潜水层地下水及其营养物质入湖实验与数学模拟研究[D]. 南京: 河海大学.

李云开, 宋鹏, 周博, 2013. 再生水滴灌系统灌水器堵塞的微生物学机理及控制方法研究[J]. 农业工程学报, 29(15): 98-107.

李长生, 2001. 生物地球化学的概念与方法——DNDC模型的发展[J]. 第四纪研究, 21(2): 89-99.

李紫燕, 李世清, 李生秀, 2008. 铵态氮肥对黄土高原典型土壤氮素激发效应的影响[J]. 植物营养与肥料学报, 14(5): 866-873.

栗岩峰, 李久生, 2010. 再生水加氯对滴灌系统堵塞及番茄产量与氮素吸收的影响[J]. 农业工程学报, 26(2): 18-24.

栗岩峰，李久生，赵伟霞，等，2015. 再生水高效安全灌溉关键理论与技术研究进展[J]. 农业机械学报（3）：1-11.

连青龙，张跃峰，丁小明，等，2016. 我国北方设施蔬菜质量安全现状与问题分析[J]. 中国蔬菜（7）：15-21.

梁冰，陆海军，肖利萍，等，2007. 煤矸石淋滤液对地下水污染的数值仿真研究[J]. 系统仿真学报（7）：1439-1441.

梁浩，胡克林，李保国，等，2014. 土壤—作物—大气系统水热碳氮过程耦合模型构建[J]. 农业工程学报，30（24）：54-66.

梁启新，康轩，黄景，等，2010. 保护性耕作方式对土壤碳、氮及氮素矿化菌的影响研究[J]. 广西农业科学，41（1）：47-51.

廖金凤，2001. 城市化对土壤环境的影响[J]. 生态科学，20（2）：91-95.

刘洪禄，马福生，许翠平，等，2010. 再生水灌溉对冬小麦和夏玉米产量及品质的影响[J]. 农业工程学报，26（3）：82-86.

刘凌，夏自强，姜翠玲，等，1995. 污水灌溉中氮化合物迁移转化过程的研究[J]. 水资源保护（4）：40-45.

刘凌，陆桂华，2002. 含氮再生水灌溉实验研究及污染风险分析[J]. 水科学进展，13（3）：313-320.

刘培斌，张瑜芳，1999. 稻田中氮素流失的田间试验与数值模拟研究[J]. 农业环境保护，18（6）：241-245.

刘培斌，程伦国，陈瑞忠，等，1994. 排水条件下稻田中氮素运移转化规律的试验研究[J]. 中国农村水利水电（4）：15-20.

刘培斌，张瑜芳，1999. 稻田中氮素流失的田间试验与数值模拟研究[J]. 农业环境保护，18（6）：241-245.

刘润堂，许建中，2002. 中国再生水灌溉现状、问题及其对策[J]. 中国水利（10）：123-125.

刘兆辉，江丽华，张文君，等，2008. 山东省设施蔬菜施肥量演变及土壤养分变化规律[J]. 土壤学报，45（2）：296-303.

刘振香，刘鹏，贾绪存，等，2015. 不同水肥处理对夏玉米田土壤微生物特性的影响[J]. 应用生态学报，26（1）：113-121.

卢建斌，2006. 晋中盆地地下水污染现状及防治措施[J]. 地下水，28（3）：

65-66.

陆垂裕，杨金忠，JAYAWARDANE N，等，2004. 污水灌溉系统中氮素转化运移的数值模拟分析[J]. 水利学报（5）：83-88.

陆卫平，张炜铃，潘能，等，2004. 再生水利用的生态风险研究进展[J]. 环境科学，33（12）：4070-4080.

罗培宇，2014. 轮作条件下长期施肥对棕壤微生物群落的影响[D]. 沈阳：沈阳农业大学.

吕殿青，杨进荣，马林英，1999. 灌溉对土壤硝态氮淋吸效应影响的研究[J]. 植物营养与肥料学报，5（4）：307-315.

吕殿青，张树兰，杨学云，2007. 外加碳、氮对黄绵土有机质矿化与激发效应的影响[J]. 植物营养与肥料学报，13（3）：423-429.

吕国红，周广胜，赵先丽，等，2005. 土壤碳氮与土壤酶相关性研究进展[J]. 辽宁气象（2）：6-8.

吕家珑，张一平，张君常，等，1999. 土壤磷运移研究[J]. 土壤学报，36（1）：75-82.

马闯，杨军，雷梅，等，2012. 北京市再生水灌溉对地下水的重金属污染风险[J]. 地理研究，31（12）：2250-2258.

马栋山，郭羿宏，张琼琼，等，2015. 再生水补水对河道底泥细菌群落结构影响研究[J]. 生态学报，35（20）：1-10.

马军花，任理，龚元石，等，2004. 冬小麦生长条件下土壤氮素运移动态的数值模拟[J]. 水利学报（3）：103-110.

马丽萍，张德罡，姚拓，等，2005. 高寒草地不同扰动生境纤维素分解菌数量动态研究[J]. 草原与草坪（1）：29-33.

马敏，黄占斌，焦志华，等，2007. 再生水灌溉对玉米和大豆品质影响的试验研究[J]. 农业工程学报，23（5）：47-50.

马振民，石冰，高宗军，2002. 泰安市地下水污染现状与成因分析[J]. 山东地质，18（2）：24-28.

孟雷，左强，2003. 再生水灌溉对冬小麦根长密度和根系吸水速率分布的影响[J]. 灌溉排水学报，22（4）：25-29.

聂斌，李文刚，江丽华，等，2012. 不同灌溉方式对设施番茄土壤剖面硝态氮分布及灌溉水分效率的影响[J]. 水土保持研究, 19（3）: 102-107.

欧阳媛, 王圣瑞, 金相灿, 等, 2009. 外加氮源对滇池沉积物氮矿化影响的研究[J]. 中国环境科学, 29（8）: 879-884.

潘能, 侯振安, 陈卫平, 等, 2012. 绿地再生水灌溉土壤微生物量碳及酶活性效应研究[J]. 环境科学, 33（12）: 4081-4087.

潘秋艳, 刘玉春, 徐倩, 等, 2016. 微咸水和再生水对盆栽棉花土壤理化性质和根系的影响[J]. 节水灌溉（8）: 122-126.

潘兴瑶, 吴文勇, 杨胜利, 等, 2012. 北京市再生水灌区规划研究[J]. 灌溉排水学报, 31（4）: 115-119.

裴亮, 颜明, 陈永莲, 等, 2012. 再生水灌溉环境生态效应研究进展[J]. 水资源与水工程学报, 23（3）: 15-21.

彭致功, 杨培岭, 任树梅, 2006. 再生水灌溉水分处理对草坪生理生化特性及质量的影响[J]. 农业工程学报, 22（4）: 48-52.

彭致功, 杨培岭, 王勇, 等, 2006. 再生水灌溉对草坪土壤速效养分及盐碱化的效应[J]. 水土保持学报, 20（6）: 84-88.

齐学斌, 钱炬炬, 樊向阳, 等, 2006. 再生水灌溉国内外研究现状与进展[J]. 中国农村水利水电（1）: 13-15.

齐志明, 冯绍元, 黄冠华, 等, 2003. 清、再生水灌溉对夏玉米生长影响的田间试验研究[J]. 灌溉排水学报, 22（2）: 36-38.

仇付国, 2004. 城市污水再生利用健康风险评价理论与方法研究[D]. 西安: 西安建筑科技大学.

仇付国, 王敏, 2007. 城市污水再生利用化学污染物健康风险评价[J]. 环境科学与管理, 32（2）: 186-188.

钱炬炬, 齐学斌, 杨素哲, 2006. 含氮再生水灌溉氮素运移与转化研究进展[J]. 节水灌溉（1）: 20-24.

钱正英, 张光斗, 2001. 中国可持续发展水资源战略研究综合报告[M]. 北京: 中国水利水电出版社.

钦绳武, 刘芷宇, 1989. 土壤—根系微区养分状况的研究Ⅵ. 不同形态肥料氮素在根际的迁移规律[J]. 土壤学报, 26（2）: 117-123.

秦华, 林先贵, 陈瑞蕊, 等, 2005. DEHP对土壤脱氢酶活性及微生物功能多样性的影响[J]. 土壤学报，42（5）：829-834.

任理，刘兆光，李保国，2000. 非稳定流条件下非饱和均质土壤溶质运移的传递函数解[J]. 水利学报（4）：7-15.

任理，刘兆光，马军花，等，2003. 考虑残留氮对非稳定流场硝态氮淋失贡献的传递函数模型Ⅰ. 地中渗透计验证[J]. 水利学报（11）：26-33.

任理，马军花，刘兆光，等，2003. 考虑残留氮对非稳定流场硝态氮淋失贡献的传递函数模型Ⅱ. 农田应用[J]. 水利学报（12）：89-97.

任理，袁福生，张福锁，2001. 土壤中硝态氮淋洗的传递函数模拟和预报[J]. 水利学报（4）：21-27.

商放泽，2016. 再生水灌溉对深层土壤盐分迁移累积及碳氮转化的影响[D]. 北京：中国农业大学.

邵洪波，2002. 再生水灌溉条件下冬小麦生长及重金属分布规律的试验研究[D]. 北京：中国农业大学.

佘国英，徐冰，郭克贞，等，2005. 呼市农田再生水灌溉资源开发利用研究[J]. 内蒙古水利（2）：95-97.

单婕，邵孝侯，2006. 劣质水农业高效安全利用技术的研究现状及其展望[J]. 水资源保护（1）：19-22.

单晓雨，张萌，郑平，2016. Nar与Nxr：氮素循环中微生物关键酶研究进展[J]. 科技通报，32（7）：202-206.

沈菊培，贺纪正，2011. 微生物介导的碳氮循环过程对全球气候变化的响应[J]. 生态学报，31（11）：2957-2967.

沈菊培，张丽梅，贺纪正，2011. 几种农田土壤中古菌、泉古菌和细菌的数量分布特征[J]. 应用生态学报，22（11）：2996-3002.

沈灵凤，白玲玉，曾希柏，等，2012. 施肥对设施菜地土壤硝态氮累积及pH的影响[J]. 农业环境科学学报，31（7）：1350-1356.

沈振荣，苏人琼，1998. 中国农业水危机与对策研究[M]. 北京：中国农业科技出版社：20-30.

时鹏，高强，王淑平，等，2010. 玉米连作及其施肥对土壤微生物群落功能多样性的影响[J]. 生态学报，30（22）：6173-6182.

史春余，张夫道，张俊清，等，2003. 长期施肥条件下设施蔬菜地土壤养分变化研究[J]. 植物营养与肥料学报，9（4）：437-441.

史青，柏耀辉，李宗逊，等，2011. 应用T-RFLP技术分析滇池污染水体的细菌群落[J]. 环境科学，32（6）：1786-1792.

宋晓焱，尹国勋，谭利敏，等，2006. 再生水灌溉对地下水污染的机理研究[J]. 安全与环境学报，6（1）：136-138.

宋长青，吴金水，陆雅海，等，2013. 中国土壤微生物学研究10年回顾[J]. 地球科学进展，28（10）：1087-1105.

唐国勇，黄道友，童成立，等，2005. 土壤氮素循环模型及其模拟研究进展[J]. 应用生态学报，16（11）：204-208.

唐启义，2010. DPS数据处理系统：实验设计、统计分析及数据挖掘[M]. 北京：科学出版社.

田春声，李云峰，郑书彦，1995. 关于盆地环境水文地质问题[M]. 西安：陕西科学技术出版社.

田家怡，张洪凯，薄景美，等，1993. 小清河有机化合物污染及其对污灌区生态系统的影响[J]. 生态学杂志，12（4）：14-22.

田茂洁，2004. 土壤氮素矿化影响因子研究进展[J]. 西华师范大学学报（自然科学版），25（3）：298-303.

万正成，李明武等，2004. 城市再生水灌溉对地下水水质的影响分析[J]. 江苏环境科技，17（1）：29-31.

汪尚朋，2005. 再生水农业灌溉安全性评价的研究[D]. 武汉：武汉大学.

王昌俊，韩保烈，苏德荣，等，2005. 再生水用于都市绿地灌溉的研究进展[J]. 环境污染与治理，27（4）：256-259.

王超，1996. 土壤及地下水污染研究综述[J]. 水利水电科技进展（6）：1-4.

王春辉，祝鹏飞，束良佐，等，2014. 分根区交替灌溉和氮形态影响土壤硝态氮的迁移利用[J]. 农业工程学报，30（11）：92-101.

王伏伟，王晓波，李金才，等，2015. 施肥及秸秆还田对砂姜黑土细菌群落的影响[J]. 中国生态农业学报，23（10）：1302-1311.

王辉，黄正忠，谭帅，等，2019. 再生水灌溉对红壤水力特性的影响[J]. 农业工程学报，35（17）：120-127.

王激清，马文奇，江荣风，等，2007. 中国农田生态系统氮素平衡模型的建立及其应用[J]. 农业工程学报，23（8）：210-215.

王金凤，康绍忠，张富仓，等，2006. 控制性根系分区交替灌溉对玉米根区土壤微生物及作物生长的影响[J]. 中国农业科学，39（10）：2056-2062.

王敬，程谊，蔡祖聪，等，2016. 长期施肥对农田土壤氮素关键转化过程的影响[J]. 土壤学报，53（2）：292-304.

王敬国，林杉，李保国，2016. 氮循环与中国农业氮管理[J]. 中国农业科学，49（3）：503-517.

王军，李久生，栗岩峰，等，2018. 滴灌玉米根系生长动态对灌水量响应的试验研究[J]. 灌排机械学报，36（10）：926-930.

王丽影，杨金忠，伍靖伟，等，2008. 再生水灌溉条件下氮磷运移转化实验与数值模拟[J]. 地球科学（中国地质大学学报），33（2）：266-272.

王齐，李宏伟，师春娟，等，2012. 短期中水灌溉对绿地土壤微生物数量的影响[J]. 草业科学，29（3）：346-351.

王齐，刘英杰，周德全，等，2011. 短期和长期中水灌溉对绿地土壤理化性质的影响[J]. 水土保持学报（5）：74-80.

王巧环，陈卫平，王效科，等，2012. 城市绿化草坪再生水灌溉对地下水水质影响研究[J]. 环境科学，33（12）：4127-4132.

王伟，于兴修，刘航，等，2016. 农田土壤氮矿化研究进展[J]. 中国水土保持（10）：67-71.

王小晓，黄平，吴胜军，等，2017. 土壤氮矿化动力学模型研究进展[J]. 世界科技研究与发展，39（2）：164-173.

王晓钰，李飞，2014. 农用土壤重金属多受体健康风险评价模型及实例应用[J]. 环境工程，32（1）：120-125.

王友保，刘登义，2003. 污灌对作物生长及其活性氧清除系统的影响[J]. 环境科学学报，23（4）：555-557.

王媛，周建斌，杨学云，2010. 长期不同培肥处理对土壤有机氮组分及氮素矿化特性的影响[J]. 中国农业科学，43（6）：1173-1180.

王志敏，林青，王松禄，等，2015. 田块尺度上土壤/地下水中硝态氮动态变化特征及模拟[J]. 土壤，47（3）：496-502.

魏娜，程晓如，刘宇鹏，2006. 浅谈国内外城市再生水回用的主要途径[J]. 节水灌溉（1）：31-34.

魏新平，王文焰，王全九，等，1998. 溶质运移理论的研究现状和发展趋势[J]. 灌溉排水（4）：58-63.

吴卫熊，何令祖，邵金华，等，2016. 清水、再生水灌溉对甘蔗产量及品质影响的分析[J]. 节水灌溉（9）：74-78.

吴文勇，许翠平，刘洪禄，等，2010. 再生水灌溉对果菜类蔬菜产量及品质的影响[J]. 农业工程学报，26（1）：36-40.

吴岳，郭天玲，白建华，等，1986. 灌溉条件下氮、磷、钾随水流失污染水体的试验初报[J]. 农业环境科学学报（5）：42-43.

武晓峰，谢森传，1996. 冬小麦田间根层中氮素迁移转化规律研究[J]. 灌溉排水，15（4）：10-15.

武晓峰，张思聪，唐杰，1998. 节水灌溉条件下冬小麦生长期田间氮素迁移转化试验[J]. 清华大学学报（自然科学版），38（1）：92-95.

夏军，1999. 区域水环境及生态环境质量评价[M]. 武汉：武汉水利电力大学出版社.

夏伟立，罗安程，周焱，等，2005. 再生水处理后灌溉对蔬菜产量、品质和养分吸收的影响[J]. 科技通报，21（1）：79-83.

肖锦，2002. 城市再生水处理及回用技术[M]. 北京：化学工业出版社.

谢驾阳，王朝辉，李生秀，2009. 施氮对不同栽培模式旱地土壤有机碳氮和供氮能力的影响[J]. 西北农林科技大学学报（自然科学版），37（11）：187-192.

徐凤兰，叶丹，曹德福，等，2005. 浅谈地下水污染及其防治[J]. 地下水，27（1）：50-52.

徐桂红，田军仓，王璐璐，等，2019. 再生水滴灌对番茄光合、产量及品质的影响[J]. 节水灌溉（10）：83-88.

徐国华，2016. 提高农作物养分利用效率的基础和应用研究[J]. 植物生理学报，52（12）：1761-1763.

徐国伟，陆大克，刘聪杰，等，2018. 干湿交替灌溉和施氮量对水稻内源激素及氮素利用的影响[J]. 农业工程学报，34（7）：137-146.

徐建明，孟俊，刘杏梅，等，2018. 我国农田土壤重金属污染防治与粮食安全保障[J]. 中国科学院院刊，33（2）：153-159.

徐蕾，王晓，杨雅银，2013. 再生水绿地灌溉影响研究进展[J]. 环境科技，26（5）：73-77.

徐强，程智慧，孟焕文，等，2007. 米线辣椒套作对线辣椒根际、非根际土壤微生物、酶活性和土壤养分的影响[J]. 干旱地区农业研究，25（3）：94-99.

徐秀凤，刘青勇，王爱芹，等，2011. 再生水灌溉对冬小麦产量和品质的影响[J]. 灌溉排水学报，30（1）：97-99.

徐应明，魏益华，孙扬，等，2008. 再生水灌溉对小白菜生长发育与品质的影响研究[J]. 灌溉排水学报，27（2）：1-4.

徐应明，周其文，孙国红，等，2009. 再生水灌溉对甘蓝品质和重金属累积特性影响研究[J]. 灌溉排水学报，28（2）：13-16.

许翠平，吴文勇，刘洪禄，等，2010. 再生水灌溉对叶菜类蔬菜产量及品质影响的试验研究[J]. 灌溉排水学报，29（5）：23-26.

许光辉，郑洪元，张德生，等，1984. 长白山北坡自然保护区森林土壤微生物生态分布及其生化特性的研究[J]. 生态学报，4（3）：207-223.

薛彦东，杨培岭，任树梅，等，2011. 再生水灌溉对黄瓜和西红柿养分元素分布特征及果实品质的影响[J]. 应用生态学报，22（2）：395-401.

闫大壮，杨培岭，李云开，等，2011. 再生水滴灌条件下滴头堵塞特性评估[J]. 农业工程学报，27（5）：19-24.

严兴，罗刚，陈琼贤，等，2015. 再生水处理厂再生水灌溉对蔬菜中重金属污染的试验研究及风险性评价[J]. 环境工程，33（1）：640-645.

杨邦杰，隋红建，1997. 土壤水热运动模拟[M]. 北京：科学出版社.

杨飞，蒋丽娟，2000. 浅议再生水灌溉带来的问题及对策[J]. 节水灌溉（2）：23-41.

杨继富，2000. 再生水灌溉农业问题与对策[J]. 水资源保护，60（2）：4-8.

杨金忠，JAYAWARDANE N，BLACKWELL J，等，2004. 污水灌溉系统中氮磷转化运移的试验研究[J]. 水利学报（4）：72-79.

杨劲松，1995. 土壤盐渍化问题及其研究展望[M]. 南京：江苏科学技术出版社.

杨景成，韩兴国，黄建辉，等，2003. 土壤有机质对农田管理措施的动态响应[J]. 生态学报，23（4）：787-796.

杨晓东，白人朴，1999. 小城镇环境污染问题及对策[J]. 中国农业大学学报，4（6）：110-114.

叶德练，齐瑞娟，张明才，等，2016. 节水灌溉对冬小麦田土壤微生物特性、土壤酶活性和养分的调控研究[J]. 华北农学报，31（1）：224-231.

叶优良，李隆，张福锁，等，2004. 灌溉对大麦/玉米带田土壤硝态氮累积和淋失的影响[J]. 农业工程学报，20（5）：105-109.

易秀，2000. 农业工程与农业可持续发展[J]. 陕西农业科学（5）：31-33.

易秀，2001. 干旱半干旱地区地下水问题[J]. 干旱区研究（3）：34-39.

易秀，2006. 黄土类土对铬砷的净化机理及其迁移转化研究[D]. 西安：长安大学.

尹世洋，吴文勇，刘洪禄，等，2012. 再生水灌区地下水硝态氮空间变异性及污染成因分析[J]. 农业工程学报，28（18）：200-207.

于卉，郭勇，刘德文，等，2000. 武清县再生水灌溉情况及影响分析[J]. 水资源保护，62（4）：3-5.

于淑玲，2006. 河北省临城县小天池林区被子植物区系研究[J]. 西北农林科技大学学报，34（7）：72-76.

喻景权，周杰，2016. "十二五"我国设施蔬菜生产和科技进展及其展望[J]. 中国蔬菜（9）：18-30.

袁丽金，巨晓棠，张丽娟，等，2010. 设施蔬菜土壤剖面氮磷钾积累及对地下水的影响[J]. 中国生态农业学报，18（1）：14-19.

云鹏，高翔，陈磊，等，2010. 冬小麦—夏玉米轮作体系中不同施氮水平对玉米生长及其根际土壤氮的影响[J]. 植物营养与肥料学报，16（3）：567-574.

宰松梅，王朝辉，庞鸿宾，2006. 再生水灌溉的现状与展望[J]. 土壤，38（6）：805-813.

詹媛媛，薛梓瑜，任伟，等，2009. 干旱荒漠区不同灌木根际与非根际土壤氮素的含量特征[J]. 生态学报，29（1）：59-66.

张夫道，1998. 氮素营养研究中几个热点问题[J]. 植物营养与肥料学报，4（4）：331-338.

张福锁，龚元石，李晓林，1995. 土壤与植物研究新动态[M]. 北京：中国农业出版社.

张光辉，1995. 毒性金属镉在包气带中的行为特征及其控制作用[D]. 西安：西安地质学院.

张红梅，速宝玉，2004. 土壤及地下水污染研究进展[J]. 灌溉排水学报，23
　（3）：70-74.

张嘉超，曾光明，喻曼，等，2010. 农业废物好氧堆肥过程因子对细菌群落结
　构的影响[J]. 环境科学学报，30（5）：1002-1010.

张金屯，2004. 数量生态学[M]. 北京：科学出版社：157-162.

张晶，张惠文，张勤，等，2008. 长期石油污水灌溉对东北旱田土壤微生物生
　物量及土壤酶活性的影响[J]. 中国生态农业学报，16（1）：67-70.

张晶，张惠文，苏振成，等，2007. 长期有机污水灌溉对土壤固氮细菌种群的
　影响[J]. 农业环境科学学报，26（2）：662-666.

张娟，王艳春，2009. 再生水灌溉对植物根际土壤特性和微生物数量的影响[J].
　节水灌溉（3）：5-8.

张明智，牛文全，李康勇，等，2015. 灌溉与深松对夏玉米根区土壤微生物数
　量的影响[J]. 土壤通报，46（6）：1407-1414.

张乃明，李保国，胡克林，2001. 太原污灌区土壤重金属和盐分含量的空间变
　异特征[J]. 环境科学学报，21（3）：349-353.

张乃明，张守萍，武丕武，2001. 山西太原污灌区农田土壤汞污染状况及其生
　态效应[J]. 土壤通报，32（2）：95-96.

张薇，胡跃高，黄国和，等，2007. 西北黄土高原柠条种植区土壤微生物多样
　性分析[J]. 微生物学报，47（5）：751-756.

张卫峰，马林，黄高强，等，2013. 中国氮肥发展、贡献和挑战[J]. 中国农业
　科学，46（15）：3161-3171.

张文莉，李阳，王文全，2016. 再生水灌溉对土壤和葡萄品质的影响[J]. 农业
　资源与环境学报，33（2）：149-156.

张学军，赵营，陈晓群，等，2007. 氮肥施用量对设施番茄氮素利用及土壤
　NO_3-N累积的影响[J]. 生态学报，27（9）：3761-3768.

张彦，张惠文，苏振成，等，2006. 污水灌溉对土壤重金属含量、酶活性和微
　生物类群分布的影响[J]. 安全与环境学报，6（6）：44-50.

张永清，苗果园，张定一，2005. 污灌胁迫对春小麦抗氧化酶活性及根系与幼
　苗生长的影响[J]. 农业环境科学学报，24（4）：662-665.

张岳，2000. 中国水资源与可持续发展[M]. 南宁：广西科学技术出版社.

张展羽，吕祝乌，2004. 再生水灌溉农业技术探讨[J]. 人民黄河，26（6）：21-22.

张真和，马兆红，2017. 我国设施蔬菜产业概况与"十三五"发展重点——中国蔬菜协会副会长张真和访谈录[J]. 中国蔬菜（5）：1-5.

张志斌，2008. 我国设施蔬菜存在的问题及发展重点[J]. 中国蔬菜（5）：1-3.

章明奎，刘丽君，黄超，2011. 养殖再生水灌溉对蔬菜地土壤质量和蔬菜品质的影响[J]. 水土保持学报，25（1）：87-91.

赵全勇，李冬杰，孙红星，等，2017. 再生水灌溉对土壤质量影响研究综述[J]. 节水灌溉（1）：53-58.

赵彤，2014. 宁南山区植被恢复工程对土壤原位矿化中微生物种类和多样性的影响[D]. 杨凌：西北农林科技大学.

赵伟，梁斌，周建斌，2017. 长期不同施肥处理对土壤氮素矿化特性的影响[J]. 西北农林科技大学学报（自然科学版），45（2）：177-181.

赵肖，周培疆，2004. 再生水灌溉土壤中As暴露的健康风险研究[J]. 农业环境科学学报，23（5）：926-929.

赵毅，1997. 环境质量评价[M]. 北京：中国电力出版社.

赵长盛，胡承孝，黄魏，2013. 华中地区两种典型菜地土壤中氮素的矿化特征研究[J]. 土壤，45（1）：41-45.

赵忠明，陈卫平，焦文涛，等，2012. 再生水灌溉对土壤性质及重金属垂直分布的影响[J]. 环境科学，33（12）：4094-4099.

曾德付，朱维斌，2004. 中国再生水灌溉存在问题和对策探讨[J]. 干旱地区农业研究，22（4）：221-224.

郑顺安，陈春，郑向群，等，2012. 再生水灌溉对土壤团聚体中有机碳、氮和磷的形态及分布的影响[J]. 中国环境科学，32（11）：2053-2059.

郑汐，王齐，孙吉雄，2011. 中水灌溉对草坪绿地土壤理化性状及肥力的影响[J]. 草原与草坪，31（2）：61-64.

周丽霞，丁明懋，2007. 土壤微生物学特性对土壤健康的指示作用[J]. 生物多样性，15（2）：162-171.

周玲玲，孟亚利，王友华，等，2010. 盐胁迫对棉田土壤微生物数量与酶活性的影响[J]. 水土保持学报, 24 (2): 241-246.

周维博, 李佩成, 2001. 中国农田灌溉的水环境问题[J]. 水科学进展, 12 (3): 413-417.

周艳丽, 刘昕宇, 穆伊舟, 等, 2003. 黄河流域再生水灌溉存在的问题与对策[J]. 河南农业 (1): 29-30.

周媛, 2016. 再生水灌溉土壤氮素释放与调控机理研究[D]. 北京: 中国农业科学院.

周媛, 李平, 郭魏, 等, 2016. 施氮和再生水灌溉对设施土壤酶活性的影响[J]. 水土保持学报, 30 (4): 268-273.

周媛, 齐学斌, 李平, 等, 2016. 再生水灌溉年限对设施土壤酶活性的影响[J]. 灌溉排水学报, 35 (1): 22-26.

周媛, 齐学斌, 李平, 等, 2015. 再生水灌溉对作物生长及土壤养分影响研究进展[J]. 中国农学通报 (12): 247-251.

朱兆良, 文启孝, 1992. 中国土壤氮素[M]. 南京: 江苏科学技术出版社.

ABAIDOO R C, KERAITA B, DRECHSEL P, et al., 2010. Soil and crop contamination through wastewater irrigation and options for risk reduction in developing countries[J]. Springer Berlin Heidelberg, 21: 275-297.

ACOSTA-MARTÍNEZ V, ZOBECK T M, GILL T E, et al., 2003. Enzyme activities and microbial community structure in semiarid agricultural soils[J]. Biology & Fertility of Soils, 38 (4): 216-227.

ADROVER M, FARRUS E, MOYA G, et al., 2012. Chemical properties and biological activity in soils of Mallorca following twenty years of treated wastewater irrigation[J]. Journal of Environmental Management, 95: s188-s192.

AIELLO R, CIRELLI G L, CONSOLI S, 2007. Effects of reclaimed wastewater irrigation on soil and tomato fruits: a case study in Sicily (Italy) [J]. Agricultural Water Management, 93 (1): 65-72.

AINA O D, AHMAD F, 2013. Carcinogenic health risk from trihalomethanes during reuse of reclaimed water in coastal cities of the Arabian Gulf[J]. Journal of Water Reuse & Desalination, 3 (2): 175-184.

AKPONIKPE P B I, WIMA K, YACOUBA H, et al., 2011. Reuse of domestic wastewater treated in macrophyte ponds to irrigate tomato and eggplant in semi-arid West-Africa: Benefits and risks[J]. Agricultural Water Management, 98 (5): 834-840.

AL KHAMISI S A, PRATHAPAR S A, AHMED M, 2013. Conjunctive use of reclaimed water and groundwater in crop rotations[J]. Agricultural Water Management, 116 (2): 228-234.

AL-KHAMISI S A, AL-WARDY M, AHMED M, et al., 2016. Impact of reclaimed water irrigation on soil salinity, hydraulic conductivity, cation exchange capacity and macro-nutrients[J]. Journal of Agricultural and Marine Sciences, 21 (1): 8-18.

ALKHAMISI S A, AHMED M, ALWARDY M, et al., 2016. Effect of reclaimed water irrigation on yield attributes and chemical composition of wheat (*Triticum aestivum*), cowpea (*Vigna sinensis*), and maize (*Zea mays*) in rotation[J]. Irrigation Science, 35: 1-12.

ARAGON R, SARDANS J, PENUELAS J, 2014. Soil enzymes associated with carbon and nitrogen cycling in invaded and native secondary forests of northwestern Argentina[J]. Plant and Soil, 384 (1-2): 169-183.

ARMON R, GOLD D, BRODSKY M, et al., 2002. Surface and subsurface irrigation with effluents of different qualities and presence of Cryptosporidium oocysts in soil and on crops Water, Science and Technology, 46 (3): 115-122.

BAME I B, HUGHES J C, TITSHALL L W, et al., 2014. The effect of irrigation with anaerobic baffledreactor effluent on nutrient availability, soil properties and maize growth[J]. Agricultural Water Management, 134: 50-59.

BAO Q L, JU X T, GAO B, et al., 2012. Response of Nitrous Oxide and Corresponding Bacteria to Managements in an Agricultural Soil[J]. Soil Science Society of America Journal, 76 (1): 130.

BARAKAT M, CHEVIRON B, 2016. ANGULO-JARAMILLO R. Influence of the irrigation technique and strategies on the nitrogen cycle and budget: A review[J]. Agricultural Water Management, 178: 225-238.

BARBERA A C, MAUCIERI C, CAVALLARO V, et al., 2013. Effects of spreading olive mill wastewater on soil properties and crops, a review[J]. Agricultural Water Management, 119: 43-53.

BARTON L, SCHIPPER L A, SMITH C T, et al., 2000. Denitrification enzyme activity is limited by soil aeration in a wastewater-irrigated forest soil [J]. Biology & Fertility of Soils, 32 (5): 385-389.

BATARSEH M I, RAWAJFEH A, IOANNIS K L, et al., 2011. Treated municipal wastewater irrigation impact on Olive Trees (*Olea Europaea* L.) at Al-Tafilah, Jordan[J]. Water Air & Soil Pollution, 217 (1-4): 185-196.

BECERRA-CASTRO C, LOPES A R, VAZ-MOREIRA I, et al., 2015. Wastewater reuse in irrigation, A microbiological perspective on implications in soil fertility and human and environmental health[J]. Environment International, 75: 117-135.

BEDBABIS S, TRIGUI D, BEN AHMED C, et al., 2015. Long-terms effects of irrigation with treated municipal wastewater on soil, yield and olive oil quality[J]. Agricultural Water Management, 160: 14-21.

BELTRAO J, COSTA M, ROSADO V, et al., 2003. New techniques to control salinity-wastewater reuse interactions in golf courses of the Mediterranean regions[J]. Journal of Advanced Nursing, 71 (4): 718-734.

BIELORAI H, FEIGIN A, WEIZMAN Y, 1984. Drip irrigation of cotton with municipal effluents: II. nutrient availability in soil[J]. Journal of Environmental Quality, 13 (2): 234-238.

BIXIO D, THOEYE C, WINTGENS T, et al., 2008. Water reclamation and reuse: implementation and management issues[J]. Desalination, 218 (1): 13-23.

BLANCHARD M, TEIL M J, OLLIVON D, et al., 2001. Origin and distribution of polyaromatic hydrocarbons and polychlorobiphenyls in urban effects to wastewater treatment plant s of the Paris area[J]. Water Research, 35 (15): 3679-3687.

BRADBURY N J, WHITMORE A P, PBS HART, et al., 1993. Modelling the fate of nitrogen in crop and soil in the years following application of 15N-labelled fertilizer to winter wheat. [J]. Journal of Agricultural Science, 121（3）: 363-379.

BURGER M, JACKSON L E, 2003. Microbial immobilization of ammonium and nitrate in relation to ammonification and nitrification rates in organic and conventional cropping systems[J]. Soil Biology & Biochemistry, 35（1）: 29-36.

CALDER N-PRECIADO D, MATAMOROS V, SAV R, et al., 2013. Uptake of microcontaminants by crops irrigated with reclaimed water and groundwater under real field greenhouse conditions[J]. Environmental Science & Pollution Research, 20（6）: 3629-3638.

CAMARGOF A, GIANELLO C, TEDESCO M J, et al., 2002. Empirical models to predict soil nitrogen mineralization[J]. Ciencia Rural, 32（3）: 393-399.

CAPORASO J G, LAUBER C L, WALTERS W A, et al., 2012. Ultra-high-throughput microbial community analysis on the Illumina HiSeq and MiSeq platforms[J]. ISME Journal, 6（8）: 1621-1624.

CARPENTER-BOGGS L, PIKUL J L, VIGIL M F, et al., 2000. Soil nitrogen mineralization influenced by crop rotation and nitrogen fertilization[J]. Soil Science Society of America Journal, 64（6）: 2038-2045.

CARSEL R F, MULKEY L A, LORBER M N, 1985. The pesticide root zone model（PRZM）: a procedure for evaluating pesticide leaching threats to groundwater [J]. Ecological modeling, 30: 49-69.

CARTER M R, RENNIE D A, 1984. Dynamics of soil microbial biomass N under zero and shallow tillage for spring wheat, using 15 N urea[J]. Plant & Soil, 76（1/3）: 157-164.

CEVIK F, GOKSU M Z L, DERICI O B, et al., 2009. An assessment of metal pollution in surface sediments of Seyhan dam by using enrichment factor, geoaccumulation index and statistical analyses[J]. Environmental Monitoring and Assessment, 152（1-4）: 309-317.

CHANGSHENG L I, FROLKING S, FROLKING T A, 1992. A model of nitrous oxide evolution from soil driven by rainfall events. I - Model structure and sensitivity. II - Model applications[J]. Journal of Geophysical Research Atmospheres, 97（D9）：9777-9783.

CHAO A, 1984. Non-parametric estimation of the number of classes in a population[J]. Scandinavian Journal of Statistics, 11（4）：265-270.

CHEFETZ B, MUALEM T, BEN-ARI J, 2008. Sorption and mobility of pharmaceutical compounds in soil irrigated with reclaimed wastewater[J]. Chemosphere, 73（8）：1335-1343.

CHEN S, YU W, ZHANG Z, et al., 2015. Soil properties and enzyme activities as affected by biogas slurry irrigation in the Three Gorges Reservoir areas of China[J]. Journal of Environmental Biology, 36（2）：513.

CHEN W P, LU S D, JIAO W T, et al., 2013. Reclaimed water：A safe irrigation water source?[J]. Environmental Development, 8：74-83.

CHEN W, WU L, JR FRANKENBERGER W T, et al., 2008. Soil enzyme activities of long-term reclaimed wastewater-irrigated soils [J]. Journal of Environmental Quality, 37（5 Suppl）：S36.

CHEN W P, LU S, PAN N, et al., 2015. Impact of reclaimed water irrigation on soil health in urban green areas[J]. Chemosphere, 119（1）：654-661.

CHEN W P, LU S D, JIAO W T, et al., 2013. Reclaimed water：a safe irrigation water source?[J]. Environmental Development, 8：74-83.

CHEN Z, LUO X, HU R, et al., 2010. Impact of long-term fertilization on the composition of denitrifier communities based on nitrite reductase analyses in a paddy soil[J]. Microbial Ecology, 60（4）：850-861.

CHEN Z, NGO H H, GUO S, 2013. A Critical Review on the End Uses of Recycled Water[J]. Environmental Science & Technology, 43：1446-1516.

CLANTON C J, SLACK D C, SHAFFER M J, 1987. Evaluation of the NTRM model for land application of septage[M]. Michigan：American Society of Agricultural Engineers：102-113.

CLARK D R, GREEN C J, ALLEN V G, et al., 1999. Influence of salinity in irrigation water on forage sorghum and soil chemical properties[J]. Journal of Plant Nutrition, 22（12）：1905-1920.

CLEGG C D, 2006. Impact of cattle grazing and inorganic fertilizer additions to managed grassland on the microbial community composition of soil[J]. Applied Soil Ecology, 31（1/2）：73-82.

CONTRERAS S, PEREZ-CUTILLAS P, SANTONI C S, et al., 2014. Effects of Reclaimed Waters on Spectral Properties and Leaf Traits of Citrus Orchards[J]. Water Environment Research, 86（11）：2242-2250.

DANIEL H, 1992. Modeling plant and soil systems[J]. Soil Science, 154（6）：511-512.

DE SOUZA R S, REZENDE R, HACHMANN T L, et al., 2017. Lettuce production in a greenhouse under fertigation with nitrogen and potassium silicate[J]. Acta Scientiarum-Agronomy, 39（2）：211-216.

DELGADO J A, 1998. Sequential NLEAP simulations to examine effect of early and late planted winter cover crops on nitrogen dynamics[J]. Journal of Soil and Water Conservation, 53（3）：241-244.

DIMITRIU P A, PRESCOTT C E, QUIDEAU S A, et al., 2010. Impact of reclamation of surface-mined boreal forest soils on microbial community composition and function[J]. Soil Biology Biochemistry, 42（12）：2289-2297.

ELGALLAL M, FLETCHER L, EVANS B, 2016. Assessment of potential risks associated with chemicals in wastewater used for irrigation in arid and semiarid zones：A review[J]. Agricultural Water Management, 177: 419-431.

ELLERT B H, BETTANY J R, 1992. Temperature dependence of net nitrogen and sulfur mineralization[J]. Soil Science Society of America Journal, 56（4）：1133-1141.

ERISMAN J W, SUTTON M A, GALLOWAY J, et al., 2008. How a century of ammonia synthesis changed the world[J]. Nature Geoscience, 1（10）：636-639.

ESTIU G, JR M K, 2004. The hydrolysis of urea and the proficiency of urease[J]. Journal of the American Chemical Society, 126（22）：6932-6944.

EVANYLO G, ERVIN E, ZHANG X Z, 2010. Reclaimed water for turfgrass irrigation[J]. Water, 2: 685-701.

FAN M S, SHEN J B, YUAN L X, et al., 2012. Improving crop productivity and resource use efficiency to ensure food security and environmental quality in China[J]. Journal of Experimental Botany, 63（1）: 13-24.

FANG H, MO J M, PENG S L, et al., 2007. Cumulative effects of nitrogen additions on litter decomposition in three tropical forests in southern China[J]. Plant & Soil, 297（1/2）: 233-242.

FRANKO U, GEL B O, SCHENK S, 1995. Simulation of temperature-, water- and nitrogen dynamics using the model CANDY[J]. Ecological Modelling, 81: 213-322.

FRIEDEL J K, LANGER T, SIEBE C, et al., 2000. Effect of long-term waste water irrigation on soil matter, soil microbial biomass and its activities in central Mexico[J]. Biological Fertilize Soil, 31（5）: 414-421.

GAN Y, LIANG C, CHAI Q, et al., 2014. Improving farming practices reduces the carbon footprint of spring wheat production[J]. Nature Communications, 5: 1-13.

GARCIA-SANTIAGO X, GARRIDO J M, LEMA J M, et al., 2017. Fate of pharmaceuticals in soil after application of STPs products: Influence of physicochemical properties and modelling approach[J]. Chemosphere, 182: 406-415.

GEISSELER D, SCOW K M, 2014. Long-term effects of mineral fertilizers on soil microorganisms-A review[J]. Soil Biology and Biochemistry, 75: 54-63.

GEISSELER D, HORWATH W R, JOERGENSEN R G, et al., 2010. Pathways of nitrogen utilization by soil microorganisms – A review[J]. Soil Biology & Biochemistry, 42（12）: 2058-2067.

GESTEL M V, LADD J N, AMATO M, 1991. Carbon and nitrogen mineralization from two soils of contrasting texture and microaggregate stability: Influence of sequential fumigation, drying and storage[J]. Soil Biology & Biochemistry, 23（4）: 313-322.

GHARBI L T, MERDY P, LUCAS Y, 2010. Effects of long-term irrigation with treated waste water. Part II: Role of organic carbon on Cu, Pb and Cr behavior [J]. Applied Geochemistry, 25（11）: 1711-1721.

GHEYSARI M, MIRLATIFI S M, HOMAEE M, et al., 2009. Nitrate leaching in a silage maize field under different irrigation and nitrogen fertilizer rates. [J]. Agricultural Water Management, 96（6）: 946-954.

GHREFAT H A, ABU-RUKAH Y, ROSEN M A, 2011. Application of geoaccumulation index and enrichment factor for assessing metal contamination in the sediments of Kafrain Dam, Jordan[J]. Environmental Monitoring and Assessment, 178（1-4）: 95-109.

GOLL D S, BROVKIN V, PARIDA B R, et al., 2012. Nutrient limitation reduces land carbon uptake in simulations with a model of combined carbon, nitrogen and phosphorus cycling[J]. Biogeosciences, 9（3）: 3547-3569.

GOMEZ E, MARTIN J, MICHEL F C, 2011, Effects of organic loading rate on reactor performance and archaeal community structure in mesophilic anaerobic digesters treating municipal sewage sludge[J]. Waste Management & Research, 29: 1117-1123.

GUO J H, LIU X J, ZHANG Y, et al., 2010. Significant Acidification in Major Chinese Croplands[J]. Science, 327（5968）: 1008-1010.

GUO W, MATHIAS A, QI X B, et al., 2017. Effects of reclaimed water irrigation and nitrogen fertilization on the chemical properties and microbial community of soil[J]. Journal of Integrative Agriculture, 16（3）: 679-690.

GUO Y H, GONG H L, GUO X Y, 2015. Rhizosphere bacterial community of Typha angustifolia L. and water quality in a river wetland supplied with reclaimed water[J]. Applied Microbiology and Biotechnology, 99（6）: 2883-2893.

HALLIWELL D J, BARLOW K M, NASH D M, 2001. A review of the effects of wastewater sodium on soil physical properties and their implications for irrigation systems[J]. Soil Research, 39（39）: 1259-1267.

HANI H, SIEGENTHALER A, CANDINAS T, 1995. Soil effects due to sewage sludge application in agriculture[J]. Fertilizer Research, 43（1-3）: 149-156.

HANSON J D, AHUJA L R, SHAFFER M D, et al., 1998. RZWQM: Simulating the effects of management on water quality and crop production[J]. Agricultural Systems, 57（2）: 161-195.

HASSANLI A M, EBRAHIMIZADEH M A, BEECHAM S, 2009. The effects of irrigation methods with effluent and irrigation scheduling on water use efficiency and corn yields in an arid region[J]. Agricultural Water Management, 96（1）: 93-99.

HE F, CHEN Q, JIANG R F, et al., 2007. Yield and Nitrogen Balance of Greenhouse Tomato（Lycopersicum esculentum Mill.）with Conventional and Site-specific Nitrogen Management in Northern China[J]. Nutrient Cycling in Agroecosystems, 77（1）: 1-14.

HINSINGER P, BENGOUGH A G, VETTERLEIN D, et al., 2009. Rhizosphere: biophysics, biogeochemistry and ecological relevance[J]. Plant and Soil, 321（1-2）: 117-152.

HUESO S, GARCÍA C, HERNÁNDEZ T, 2012. Severe drought conditions modify the microbial community structure, size and activity in amended and unamended soils[J]. Soil Biology & Biochemistry, 50（50）: 167-173.

HULUGALLE N, WEAVER T, HICKS A, et al., 2003. Irrigating cotton with treated sewage[J]. Australian Cottongrower, 24（3）: 41-42.

HUO A D, DANG J, SONG J X, et al., 2016. Simulation modeling for water governance in basins based on surface water and groundwater[J]. Agricultural Water Management, 174: 22-29.

HUO C, LUO Y, CHENG W, 2017. Rhizosphere priming effect: A meta-analysis[J]. Soil Biology and Biochemistry, 111: 78-84.

HWANG H T, PARK Y J, FREY S K, et al., 2015. A simple iterative method for estimating evapotranspiration with integrated surface/subsurface flow models[J]. Journal of Hydrology, 531: 949-959.

JEONG H, JANG T, SEONG C, et al., 2014. Assessing nitrogen fertilizer rates and split applications using the DSSAT model for rice irrigated with urban wastewater[J]. Agricultural Water Management, 141: 1-9.

JOHNSSON H, BERGSTROM L, JANSSON P E, et al., 1987. Simulated nitrogen dynamics and losses in a layered agricultural soil[J]. Agriculture, Ecosystems & Environment, 18: 333-356.

JONES R T, ROBESON M S, LAUBER C L, et al., 2009. A comprehensive survey of soil acidobacterial diversity using pyrosequencing and clone library analyses[J]. ISME Journal, 3（4）: 442-453.

JU X T, LU X, GAO Z, et al., 2011. Processes and factors controlling N_2O production in an intensively managed low carbon calcareous soil under sub-humid monsoon conditions[J]. Environmental Pollution, 159（4）: 1007-1016.

KALAVROUZIOTIS I K, KOKKINOS P, ORON G, et al., 2013. Current status in wastewater treatment, reuse and research in some mediterranean countries[J]. Desalination and Water Treatment, 53（8）: 2015-2030.

KOCYIGIT R, GENC M, 2017. Impact of drip and furrow irrigations on some soil enzyme activities during tomato growing season in a semiarid ecosystem[J]. Fresenius Environmental Bulletin, 26（1A）: 1047-1051.

KOKKORA M, VYRLAS P, PAPAIOANNOU C, et al., 2015. Agricultural use of microfiltered Olive Mill wastewater: effects on maize production and soil properties[J]. Agriculture and Agricultural Science Procedia, 4: 416-424.

KOLBERG R L, ROUPPET B, WESTFALL D G, et al., 1997. Evaluation of an In Situ net soil nitrogen mineralization method in dryland agroecosystems[J]. Soil Science Society of America Journal, 61（2）: 504-508.

LAI J S, 2013. Canoco 5: a new version of an ecological multivariate data ordination program. [J]. Biodiversity Science, 21（6）: 765-768.

LAUBER C L, STRICKLAND M S, BRADFORD M A, et al., 2008. The influence of soil properties on the structure of bacterial and fungal communities across land-use types[J]. Soil Biology & Biochemistry, 40（9）: 2407-2415.

LEININGER S, URICH T, SCHLOTER M, et al., 1990. Archaea predominate among ammonia-oxidizing prokaryotes in soils[J]. Advances in Microbial Physiology, 30: 125.

LEONARD R A, KNISEL W G, STILL D A, 1987. GLEAMS: Groundwater loading effects of agricultural management systems [J]. Transactions of the ASAE, American Society of Agricultural Engineers, 30（5）: 1403-1418.

LI P, HU C, QI X B, et al., 2015. Effect of reclaimed municipal wastewater irrigation and nitrogen fertilization on yield of tomato and nitrogen economy[J]. Bangladesh Journal of Botany, 44S（5）: 699-708.

LI P, ZHANG J F G, QI X B, et al., 2018. The responses of soil function to reclaimed water irrigation changes with soil depth[J]. Desalination and Water Treatment, 122: 100-105.

LI R H, LI X B, LI G Q, et al., 2014. Simulation of soil nitrogen storage of the typical steppe with the DNDC model: A case study in Inner Mongolia, China[J]. Ecological Indicators, 41: 155-164.

LI Y M, SUN Y X, LIAO S Q, et al., 2017. Effects of two slow-release nitrogen fertilizers and irrigation on yield, quality, and water-fertilizer productivity of greenhouse tomato[J]. Agricultural Water Management, 186: 139-146.

LI Z, XIANG X, LI M, et al., 2015. Occurrence and risk assessment of pharmaceuticals and personal care products and endocrine disrupting chemicals in reclaimed water and receiving groundwater in China[J]. Ecotoxicology & Environmental Safety, 119: 74-80.

LIU J J, SUI Y Y, YU Z H, et al., 2014. High throughput sequencing analysis of biogeographical distribution of bacterial communities in the black soils of northeast China[J]. Soil Biology & Biochemistry, 70（2）: 113-122.

LIU K, ZHU Y, YE M, et al., 2018. Numerical simulation and sensitivity analysis for nitrogen dynamics under sewage water irrigation with organic carbon[J]. Water Air and Soil Pollution, 229（6）: 173.

LIU X, ZHANG Y, HAN W, et al., 2013. Enhanced nitrogen deposition over China. [J]. Nature, 494（7438）: 459-462.

LIU X J A, VAN GROENIGEN K J, DIJKSTRA P, et al., 2017. Increased plant uptake of native soil nitrogen following fertilizer addition - not a priming effect?[J]. Applied Soil Econology, 114: 105-110.

LOIUPONE C, KNIGHT R, 2005. UniFrac: A new phylogenetic method for comparing microbial communities[J]. Applied and Environmental Microbiology, 71（12）: 8228-8235.

LOSKA K, CEBULA J, PELCZAR J, et al., 1997. Use of enrichment, and contamination factors together with geoaccumulation indexes to evaluate the content of Cd, Cu, and Ni in the Rybnik water reservoir in Poland[J]. Water Air and Soil Pollution, 93（1-4）: 347-365.

LOW K G, GRANT S B, HAMILTON A J, et al., 2015. Fighting drought with innovation: Melbourne's response to the Millennium Drought in Southeast Australia[J]. Wiley Interdisciplinary Reviews: Water, 2（4）: 315-328.

LU S, WANG J, PEI L, 2016. Study on the effects of irrigation with reclaimed water on the content and distribution of heavy metals in soil[J]. International journal of environmental research and public health, 13（3）: 298-307.

LU S B, SHANG Y Z, LIANG P, et al., 2017. The effects of rural domestic sewage reclaimed water drip irrigation on characteristics on rhizosphere soil[J]. Applied Ecology and Environmental Research, 15（4）: 1145-1155.

LU S B, ZHANG X L, LIANG P, 2016. Influence of drip irrigation by reclaimed water on the dynamic change of the nitrogen element in soil and tomato yield and quality[J]. Journal of Cleaner Production, 139: 561-566.

LUO Y Q, ZHOU X H, 2007. 土壤呼吸与环境[M]. 姜丽芬, 等, 译. 北京: 高等教育出版社.

LUXH I J, ELSGAARD L, THOMSEN I K, et al., 2010. Effects of long - term annual inputs of straw and organic manure on plant N uptake and soil N fluxes[J]. Soil Use & Management, 23（4）: 368-373.

LYU S, CHEN W, 2016. Soil quality assessment of urban green space under long-term reclaimed water irrigation[J]. Environmental Science and Pollution Research International, 23（5）: 4639-4649.

LYU S, CHEN W, ZHANG W, et al., 2016. Wastewater reclamation and reuse in China: Opportunities and challenges[J]. Journal of Environmental Sciences, 39: 86-96.

MA L, HE C G, BIAN H F, et al., 2016. MIKE SHE modeling of ecohydrological processes: merits, applications, and challenges[J]. Ecological Engineering, 96: 137-149.

MAPANDA F, MANGWAYANA E N, NYAMANGARA J, et al., 2005.

The effect of long-term irrigation using wastewater on heavy metal contents of soils under vegetables in Harare, Zimbabwe[J]. Agriculture, Ecosystems & Environment, 107（2-3）: 151-165.

MARINHO L E D O, FILHO B C, ROSTON D M, et al., 2014. Evaluation of the productivity of irrigated Eucalyptus grandis with reclaimed wastewater and effects on soil[J]. Water, Air, and Soil Pollution, 225（1）: 1830.

MARSCHNER P, YANG C H, LIEBEREI R, et al., 2001. Soil and plant specific effects on bacterial community composition in the rhizosphere[J]. Soil biology & biochemisty, 33（11）: 1437-1445.

MARTÍNEZ S, SUAY R, MORENO J, et al., 2013. Reuse of tertiary municipal wastewater effluent for irrigation of *Cucumis melo* L. [J]. Irrigation Science, 31（4）: 661-672.

MATAIX-SOLERA J, GARCIA-IRLES L, MORUGAN A, et al., 2011. Longevity of soil water repellency in a former wastewater disposal tree stand and potential amelioration[J]. Geoderma, 165（1）: 78-83.

MIGUEL A D E, MARTÍNEZHERNÁNDEZ V, LEAL M, et al., 2013. Short-term effects of reclaimed water irrigation: *Jatropha curcas* L. cultivation. [J]. Ecological Engineering, 50（50）: 44-51.

MOLINA J A E, CLAPP C E, SHAFFER M J, et al., 1983. NCSOIL, a model of nitrogen and carbon transformations in soil: description, calibration, and behavior1[J]. Soil Science Society of America Journal, 47（1）: 85-91.

MORENO-CORNEJO J, ZORNOZA R, FAZ A, et al., 2013. Effects of pepper crop residues and inorganic fertilizers on soil properties relevant to carbon cycling and broccoli production[J]. Soil Use & Management, 29（4）: 519-530.

NDÈYEYACINEBADIANE N, EZÉKIEL B, ALIOU G, et al., 2008. Impact of irrigation water quality on soil nitrifying and total bacterial communities[J]. Biology & Fertility of Soils, 44（5）: 797-803.

NICOLÁS E, MAESTRE-VALERO J F, PEDRERO F, et al., 2017. Long-Term effect of irrigation with saline reclaimed water on adult Mandarin trees[J]. Acta Horticulturae, 1150: 407-411.

NIE M, PENDALL E, 2016. Do rhizosphere priming effects enhance plant nitrogen uptake under elevated CO_2?[J]. Agriculture Ecosystems and Environment, 224: 50-55.

NIU Z G, XUE Z, ZHANG Y, 2015. Using physiologically based pharmacokinetic models to estimate the health risk of mixtures of trihalomethanes from reclaimed water[J]. Journal of Hazardous Materials, 285: 190-198.

OCHMAN H, WOROBEY M, KUO C H, et al., 2010. Evolutionary relationships of wild hominids recapitulated by gut microbial communities[J]. PLoS Biology, 8: 11.

PANG X P, LETEY J, 1998. Development and evaluation of ENVIRO-GRO, an integrated water, salinity, and nitrogen model[J]. Soil Science Society of America Journal, 62 (5) : 1418-1427.

PARSONS L R, SHEIKH B, HOLDEN R, et al., 2010. Reclaimed water as an alternative water source for crop irrigation[J]. Hortscience, 45 (11) : 1626-1629.

PARSONS L R, WHEATON T A, CASTLE W S, 2001. High application rates of reclaimed water benefit citrus tree growth and fruit production[J]. Hortscience, 36 (7) : 1273-1277.

PARTON W J, MOSIER A R, OJIMA D S, et al., 1996. Generalized model for N-2 and N_2O production from nitrification and denitrification[J]. Global Biogeochemical Cycles, 10 (3) : 401-412.

PINTO U, MAHESHWARI B L, GREWAL H S, 2010. Effects of greywater irrigation on plant growth, water use and soil properties[J]. Resources, Conservation and Recycling, 54 (7) : 429-435.

POLLICE A, LOPEZ A, LAERA G, et al., 2004. Tertiary filtered municipal wastewater as alternative water source in agriculture: a field investigation in Southern Italy[J]. Science of the Total Environment, 324 (1-3) : 201-210.

PROSSER J I, 1989. Autotrophic nitrification in bacteria[J]. Advances in Microbial Physiology, 30 (1) : 125-181.

QIN Q, CHEN X J, ZHUANG J, 2015. The fate and impact of pharmaceuticals and personal care products in agricultural soils irrigated with reclaimed water[J].

Critical Reviews in Environmental Science and Technology, 45（13）: 1379–1408.

RATTAN R K, DATTA S P, CHHONKAR P K, et al., 2005. Long-term impact of irrigation with sewage effluents on heavy metal content in soils, crops and groundwater—a case study[J]. Agriculture Ecosystems & Environment, 109（3）: 310–322.

RICHARDSON A E, BAREA J, MCNEILL A M, et al., 2009. Acquisition of phosphorus and nitrogen in the rhizosphere and plant growth promotion by microorganisms[J]. Plant & Soil, 321（1–2）: 305–339.

RODRIGUEZ-MOZAZ S, RICART M, KOECK-SCHULMEYER M, et al., 2015. Pharmaceuticals and pesticides in reclaimed water: Efficiency assessment of a microfiltration-reverse osmosis（MF-RO）pilot plant[J]. Journal of Hazardous Materials, 282（SI）: 165–173.

ROSE J B, GERBA C P, 1991. Assessing potential health risks from viruses and parasites in reclaimed water in Arizona and Florida, USA [J]. Water Science and Technology, 23（10–12）: 2091–2098.

RUIDISCH M, BARTSCH S, KETTERING J, et al., 2013. The effect of fertilizer best management practices on nitrate leaching in a plastic mulched ridge cultivation system[J]. Agriculture, Ecosystems & Environment, 169: 21–32.

RENSEN PETER S, 2004. Immobilisation, remineralisation and residual effects in subsequent crops of dairy cattle slurry nitrogen compared to mineral fertiliser nitrogen[J]. Plant & Soil, 267（1/2）: 285–296.

SAHA N, TARAFDAR J, 1996. Quality of Sewages as irrigation water and its effect on beneficial microbes around pea（*Pisum sativum*）rhizosphere in hill soil[J]. Journal of Hill Research, 9（1）: 69–72.

SARDANS J, PE UELAS J, ESTIARTE M, 2008. Changes in soil enzymes related to C and N cycle and in soil C and N content under prolonged warming and drought in a Mediterranean shrubland[J]. Applied Soil Ecology, 39（2）: 223–235.

SCHIMEL J P, JACKSON L E, FIRESTONE M K, 1989. Spatial and temporal effects on plant-microbial competition for inorganic nitrogen in a california annual grassland[J]. Soil Biology & Biochemistry, 21（8）：1059-1066.

SEGAL E, DAG A, BENGAL A, et al., 2011. Olive orchard irrigation with reclaimed wastewater: agronomic and environmental considerations[J]. Agriculture Ecosystems & Environment, 140（3-4）：454-461.

SHAHALAM A, ABUZAHRA B M, JARADAT A, 1998. Wastewater irrigation effect on soil, crop and environment: A pilot scale study at Irbid, Jordan [J]. Water Air and Soil Pollution, 106（3-4）：425-445.

SHAHNAZARI A, LIU F, ANDERSEN M N, et al., 2007. Effects of partial root-zone drying on yield, tuber size and water use efficiency in potato under field conditions[J]. Field Crops Research, 100（1）：117-124.

SHANG F Z, REN S M, YANG P L, et al., 2015. Effects of different fertilizer and irrigation water types, and dissolved organic matter on soil C and N mineralization in crop rotation farmland[J]. Water Air & Soil Pollution, 226（12）：396.

SHEIKH B, COOPER R C, ISRAEL K E, 1999. Hygienic evaluation of reclaimed water used to irrigate food crops-A case study[J]. Water Science and Technology, 40（4-5）：261-267.

SHI Y, CUI S, JU X, et al., 2015. Impacts of reactive nitrogen on climate change in China[J]. Scientific Reports, 5：1-9.

STANFORD G, SMITH S J, 1972. Nitrogen mineralization potentials of soils[J]. Soil Science Society of America Journal, 36（3）：465-472.

STEENHUIS T S, PARLANGE J Y, ANDREINI M S, 1990. A numerical model for preferential solute movement in structured soils[J]. Geoderma, 46：193-208.

STEVENS D P, MCLAUGHLIN M J, SMART M K, 2003. Effect of long term with reclaimed water on soils of the Northern Adelaide Plains, South Australia[J]. Australian Journal of Soil Research, 41（5）：933-948.

SUN Y, HUANG H, SUN Y, et al., 2013. Ecological risk of estrogenic endocrine disrupting chemicals in sewage plant effluent and reclaimed water. [J]. Environmental Pollution, 180（3）：339-344.

TANAKA H, ASANO T, SCHROEDER E D, et al., 1998. Estimating the safety of wastewater reclamation and reuse using enteric virus monitoring data[J]. Water Environment Research, 70（1）: 39-51.

TROST B, PROCHNOW A, MEYER-AURICH A, et al., 2016. Effects of irrigation and nitrogen fertilization on the greenhouse gas emissions of a cropping system on a sandy soil in northeast Germany[J]. European Journal of Agronomy, 81: 117-128.

UNEP, GECF, 2006. Water and wastewater reuse: an environmentally sound approach for sustainable urban water management[R]. USA: United Nations.

VALENTIN J, 2016. Basic anatomical and physiological data for use in radiological protection: reference values : ICRP Publication 89[J]. Annals of the Icrp, 32（3）: 1-277.

VAN GENUCHTEN M T, DALTON F N, 1986. Models for simulating salt movement in aggregated field soils[J]. Geoderma, 38（1-4）: 165-183.

VEJAN P, ABDULLAH R, KHADIRAN T, et al., 2016. Role of plant growth promoting rhizobacteria in agricultural sustainability-a review[J]. Molecules, 21（5）: 573.

VESELA A B, FRANC M, PELANTOVA H, et al., 2010. Hydrolysis of benzonitrile herbicides by soil actinobacteria and metabolite toxicity[J]. Biodegradation, 21（5）: 761-770.

WANG C C, NIU Z G, ZHANG Y, 2013. Health risk assessment of inhalation exposure of irrigation workers and the public to trihalomethanes from reclaimed water in landscape irrigation in Tianjin, North China[J]. Journal of Hazardous Materials, 262（22）: 179-188.

WANG Z, CHANG A C, WU L, et al., 2003. Assessing the soil quality of long-term reclaimed wastewater-irrigated cropland[J]. Geoderma, 114（3）: 261-278.

WESTGATE P J, PARK C, 2010. Evaluation of proteins and organic nitrogen in wastewater treatment effluents[J]. Environmental Science & Technology, 44（14）: 5352-5357.

XIANG S R, DOYLE A, HOLDEN P A, et al., 2008. Drying and rewetting effects on C and N mineralization and microbial activity in surface and subsurface California grassland soils[J]. Soil Biology & Biochemistry, 40（9）: 2281-2289.

XU J, WU L S, CHANG A C, et al., 2010. Impact of long-term reclaimed wastewater irrigation on agricultural soils: A preliminary assessment[J]. Journal of Hazardous Materials, 183（1）: 780-786.

XUE J M, SANDS R, CLINTON P W, 2003. Carbon and net nitrogen mineralisation in two forest soils amended with different concentrations of biuret[J]. Soil Biology & Biochemistry, 35（6）: 855-866.

YI L, JIAO W, CHEN X, et al., 2011. An overview of reclaimed water reuse in China[J]. Journal of Environmental Sciences, 23（10）: 1585-1593.

YOUSSEF M A, SKAGGS R W, CHESCHEIR G M, et al., 2005. The nitrogen simulation model, DRAINMOD-N Ⅱ[J]. Transactions of the American Society of Agricultural Engineers, 48（2）: 611-626.

ZHANG S C, YAO H, LU Y T, et al., 2018. Reclaimed water irrigation effect on agricultural soil and maize（Zea mays L.）in Northern China[J]. Clean-Soil Air Water, 46（4）: 1800037.

ZHANG Y, HU M, LIANG H J, et al., 2016. The effects of sugar beet rinse water irrigation on the soil enzyme activities[J]. Toxicological & Environmental Chemistry Reviews, 98（3-4）: 419-428.

ZHAO B Q, LI X Y, LI X P, et al., 2010. Long-term fertilizer experiment network in China: crop yields and soil nutrient trends[J]. Agronomy Journal, 102（1）: 216-230.

ZHAO W M, XING G X, ZHAO L, 2011. Nitrogen balance and loss in a greenhouse vegetable system in southeastern China[J]. Pedosphere, 21（4）: 464-472.

ZHAO Z M, CHEN W P, JIAO W T, et al., 2012. Effect of reclaimed water irrigation on soil properties and vertical distribution of heavy metal[J]. Environmental Science, 33（12）: 4094-4099.

ZHU G，WANG S，WANG Y，et al.，2011. Anaerobic ammonia oxidation in a fertilized paddy soil. [J]. Isme Journal，5（12）：1905-1912.